U0594225

化学实验与食品安全

李 猛 著

吉林科学技术出版社

图书在版编目（CIP）数据

化学实验与食品安全 / 李猛著. -- 长春 ：吉林科学技术出版社，2024. 5. -- ISBN 978-7-5744-1380-1

Ⅰ. 06-3；TS201.6

中国国家版本馆 CIP 数据核字第 2024QY0771 号

HUAXUE SHIYAN YU SHIPIN ANQUAN

化学实验与食品安全

著　　者	李　猛
出 版 人	宛　霞
责任编辑	鲁　梦
封面设计	树人教育
制　　版	树人教育
幅面尺寸	185mm×260mm
开　　本	16
字　　数	260 千字
印　　张	11.75
印　　数	1~1500 册
版　　次	2024 年 5 月第 1 版
印　　次	2024 年 12 月第 1 次印刷
出　　版	吉林科学技术出版社
发　　行	吉林科学技术出版社
地　　址	长春市南关区福祉大路 5788 号出版大厦 A 座
邮　　编	130118

发行部电话/传真　0431-81629529　　81629530　　81629531
　　　　　　　　　　81629532　　81629533　　81629534

储运部电话　0431-86059116

编辑部电话　0431-81629520

印　　刷	三河市嵩川印刷有限公司
书　　号	ISBN 978-7-5744-1380-1
定　　价	70.00 元

前　言

　　食品是人类赖以生存和发展的最基本物质，目前食品工业已成为许多国家的重要支柱产业。食品化学是食品科学与工程类专业的重要专业基础课，也是专业主干课程之一。食品化学主要研究食品成分与特性，及其在加工、贮藏过程中的变化与引起变化的原因。食品化学实验是食品化学课程的重要组成部分，是从实践角度培养学生发现问题、分析问题及解决问题的能力，也是学生实践能力、创新能力及团队协作能力培养的重要途径。

　　食品化学实验是衔接基础生物化学和食品专业课程的一门重要实验课程，课程所涉及的实验技能也是生命科学及化工领域天然物质研究与开发、功能性食品研究与开发等科研人员的必备技能。

　　本书从绪论出发，介绍了食品化学实验理论、光谱分析实验技术、生物活性分子的分离技术，以及活性分子及其活性检测，详细分析了食品卫生基础知识、常见食品的卫生、食品安全管理，并深入探讨了食品安全检测中的现代高新技术以及食品安全性评价等内容。

　　本书涉及了多领域的内容，借鉴和参考了国内外大量的相关文献，在此一并表示衷心的感谢！由于书者水平有限，书中难免存在错误和不足之处，敬请读者批评指正。

目　录

第一章 绪论

"民以食为天，食以安为先"，食品是人类赖以生存和发展的最基本的物质条件，而安全性则是食品最基本的要求。食品安全问题关系着人民群众的身体健康、生命安全和社会稳定。随着生活水平和质量的提高，人们对食品质量与安全的意识不断增强。让城乡居民长期吃上"放心菜""放心肉""放心食品"，已成为社会广泛关注的话题。下面从食品安全性的历史观、食品安全性的现代内涵及其监控等方面对食品安全性进行初步剖析。

第一节 食品安全性的历史观

一、古代人类对食品安全性的认识

古代人类对食品安全性的认识大多与食品腐坏、疫病传播等问题有关，世界各民族都有许多建立在长期生活经验基础上的饮食禁忌、警语和禁规，有些作为生存守则流传至今。

在西方文化中，公元前1世纪的《圣经》中有许多关于饮食安全与禁规的内容，其中著名的摩西饮食中就提到凡来自非反刍偶蹄类动物的肉不得食用，就认为是出于对食品安全性的考虑。公元前2000年，在犹太教《旧约全书》中明确提出"不应食用那些倒毙在田野里的兽肉"。公元前400年Hippocrates的《论饮食》、16世纪俄国古典文学著作《治家训》以及中世纪罗马设置的专管食品卫生的"市吏"等，都有关食品卫生要求的记述。1202年英国颁布了第一部食品法——《面包法》，该法律主要是禁止厂商在面包里掺入豌豆粉或蚕豆粉造假。

在中国，西周时期已有"食医"和"食官"来保障统治阶级的食品营养与安全。据《周礼·天官食医》记载，"食医，掌和王之六食、六饮、六膳、百馐、百酱、八珍之齐"，负责检查宫中的饮食和卫生。早在2500年前"儒家之祖"孔子在《论语·乡党》中提出"食饐而餲，鱼馁而肉败，不食。色恶，不食。臭恶，不食。失饪，不食。不时，不食。割不正，不食。不得其酱，不食。沽酒市脯，不食。不撤姜食，不多食"

等原则，强调了饮食的卫生与安全。这是文献中有关饮食质量和安全的最早记述与警语。后来，东汉时期的《金匮要略》，唐代的《唐律》《千金食治》，元代的《饮膳正要》等著作中都有关于食品卫生安全方面的论述。

总体来说，古代人类对食品安全性的认识和理解只停留在感性认识和对个别现象的总结阶段。

二、近代人类对食品安全性的认识

17——18世纪，食品生产规模的不断扩大，促进了商品经济的发展和食品贸易的加大，但由于缺乏有效的食品检验技术，而且食品安全法律法规滞后，近代食品安全问题出现了新的变化。

食品交易中的制伪、掺假、掺毒、欺诈等现象已蔓延为社会公害，制伪掺假食品屡禁不绝，使欧美食品市场长期存在食品安全问题。英国杜松子酒中查出有浓硫酸、杏仁油、松节油、石灰水、玫瑰香水、明矾、酒石酸盐等掺假物；美国市场上出现了掺水牛乳、掺炭咖啡，甚至甲醛牛乳、硼砂黄油、硫酸肉等恶性食品安全与卫生问题。为了保持商品信誉、提高竞争能力、保障消费者健康，西方各国相继开始立法。1851年，法国颁布了防止伪劣食品的法律——《取缔食品伪造法》；1860年，英国出台新的《食品法》，再次对食品安全加强控制；1906年，美国国会通过了第一部对食品安全、诚实经营和食品标签进行管理的国家立法——《纯净食品与药品法》，同年还通过了《肉类检验法》，这些法律全面规定了联邦政府在美国食品药品规制中的责任，加强了美国州与州之间食品贸易的安全管理。以上在资本主义市场经济前期发展中出现的食品安全现象和问题，至今仍存在于不同经济发展阶段的国家和地区，威胁着人们的健康和生命安全。

我国在几千年的封建社会中，积累了极其丰富的食品卫生安全知识，但未能构成一门学科，其主要用作统治者和剥削阶级的养生之道，并没有真正地为广大人民服务。

三、现代人类对食品安全性的认识

随着现代工业的蓬勃发展，食品工业应用的各类添加剂日新月异，农药兽药在农牧业生产中的使用量日益上升，工矿、交通、城镇"三废"对环境及食品的污染不断加重，农产品和加工食品中含有害、有毒化学物质的问题也越来越突出；同时，农产品及其加工产品在地区之间流通的规模与日俱增，国际食品贸易数量越来越大。这一切对食品安全提出了新的要求，以适应人民生活水平提高、市场发展和社会进步的新形势。现代食品安全问题逐渐从食品不卫生、传播流行病、掺假制伪等，转向某类化学品对食品的污染及对消费者健康的潜在威胁。

　　农牧渔业的源头污染与食品安全有着密切的关系。20世纪对食品安全影响最为突出的事件，当推有机合成农药的发明、大量生产和使用。如早期使用的农药滴滴涕，确实在消灭传播疟疾、斑疹、伤寒等严重传染性疾病的媒介昆虫以及防治多种顽固性农业害虫方面，都显示了极好的效果，成为当时作物防病、治虫的强有力武器。滴滴涕成功刺激了农药研究与生产的加速发展，加之现代农业技术对农药的大量需求，使包括六六六在内的一大批有机氯农药在此后陆续推出并在20世纪五六十年代获得广泛应用。但随后人们发现滴滴涕等农药因难以被生物降解而在食物链和环境中积累，造成农作物和土壤的长期污染，在人类食品和人体中长期残留，危及整个生态系统和人类的健康。进入20世纪70、80年代后，有机氯农药在世界多数国家先后停止生产和使用，代之以有机磷类、氨基甲酸酯类、拟除虫菊酯类等残留期较短、用量较小且易于降解的多种新型农药。在农业生产中，滥用农药在破坏环境与生态系统的同时，也导致了害虫抗药性的出现与增强，这又迫使人们提高农药用量，变换使用多种农药来生产农产品，造成了虫、药、食品与人之间的恶性循环。农药及其他农业化学品在农牧渔业发展中，在达到预期经济效益的同时，也给食用这些食物的人类带来了负效应。农产品和加工食品中种类繁多的农药残留，仍然是目前最普遍、最受关注的食品安全问题。

　　20世纪末，特别是进入90年代以来，世界范围内食品安全事件不断出现，如新的致病微生物导致的食物中毒，畜牧业中人们滥用兽药、抗生素及激素类物质引起的副作用，食品的核素污染等，使得全球食品安全形势不容乐观。

　　首先，在过去的30年里，食源性疾病的暴发性流行明显上升。最常见的是由细菌与细菌毒素、霉菌与霉菌毒素、寄生虫及虫卵、昆虫、病毒和危险化学品等所造成的危害。在发达国家中，估计每年有1/3以上的人群会感染食源性疾病。据报告，食源性疾病的发病率居各类疾病总发病率的第二位。据世界卫生组织（WHO）和联合国粮农组织（FAO）报告，仅1980年，亚洲、非洲和拉丁美洲中5岁以下的儿童，急性腹泻病例约有10亿人，其中有500万儿童死亡。英国约有1/5的肠道传染病是经食物传播的。美国食源性疾病每年平均暴发300起以上。1996年，日本发现一种因肠道出血性大肠杆菌O157感染而引发的食源性疾病。近年来，不仅在日本，还在欧美、大洋洲、非洲等地发生过。我国每年向国家卫生部门上报的数千起食物中毒事件中，大部分都是由致病微生物引起的，如20世纪80年代在上海因食用毛蚶引起甲肝的暴发；2001年在江苏等地暴发的肠道出血性大肠杆菌O157食物中毒事件等。新的食源性疾病的出现与发展，是在食品生产、加工、保存以及品种、消费方式等发生变化的条件下食品安全新态势的反映。其次，在癌症及其他与饮食营养有关的慢性病病例不断增加，化学药物对人类特别是妇幼群体的危害日益明显，以及动物性食品在饮食结构中重要性增大的条件下，兽药使用不当、饲料中过量添加抗生素及生长促进素威胁食用者的健康，对食品安全性的影响逐渐突出。最后需要提及的是，在人类进入核时代以后食品安全性中的核安全问题。放射性物质给人类造成的最惨重事件发生于第二次世界大战末期，美国于 1945 年先后在日本广岛和长崎投下两颗原子弹。放射性尘埃中 137Cs，经由食品摄取比呼吸吸收多 1000 多倍。1986 年发生于苏联的切尔诺贝利核事故，是人类历史上破坏性最大的核事故，使几乎整个欧洲都受到核沉降的影响，牛羊等草食动物首当其冲。当时欧洲许多国家生产的牛乳、肉类、肝脏中因发现有超量的放射性核素而被大量弃置。在这种情况下，已经研究多年被认定较为安全的食品辐照技术，受核辐射对人体危害的心理影响，在商业应用上长期受阻，科研和立法方面也都进展缓慢。

中华人民共和国成立以前，由于经济落后、食品匮乏，食品卫生很难得到保证，食品卫生与安全的研究滞后，远远落后于发达国家。从 1949 年至 20 世纪 70 年代末，我国食品安全问题突出表现在保障食品供给数量方面，即提高农业生产效率、增加农产品产量。到 20 世纪末，我国粮食生产已经实现了供需基本平衡。但是由于长期对农业资源的不合理开发与利用，导致农业环境污染严重，食品的食用安全和卫生隐患也日益突出。随着全球经济一体化、贸易自由化和旅游业的发展，我国食品安全形势同其他国家一样，面临着新的挑战。近年来，我国发生了如"上海甲肝""瘦肉精""鼠毒强""海城豆奶""阜阳奶粉""龙口粉丝""三鹿奶粉""苏丹红"等多起食品安全事件。相应的，我国的食品安全法规制度也经历了从无到有、不断完善和发展的过程。

食品安全问题发展到今天，已远远超出传统食品卫生或食品污染的范围，而成为人类赖以生存和健康发展的整个食物链的管理与保护问题，不仅需要科学家、企业家、管理者和消费者的共同努力，也需要从行政、法制、教育、传媒等不同角度，提高消费者和生产者的素质，排除自然、社会、技术因素中的负面影响，并着眼于未来世界食品贸易的大环境，整治整个食物链上的各个环节，使提供给社会的食品越来越安全。

第二节　食品安全性的现代内涵

一、食品安全的概念

1984 年，世界卫生组织（WHO）在题为《食品安全在卫生和发展中的作用》的文件中，曾把"食品安全"作为是"食品卫生"的同义语，将其定义为，"生产、加工、贮存、分配和制作食品过程中确保食品安全可靠，有益于健康并且适合消费人群的种种必要条件和措施"。1996年，WHO在其发表的《加强国家级食品安全性计划指南》中则把食品安全与食品卫生作为两个概念加以区别。其中，食品安全被解释为，"对食品按其原定用途进行制作，和（或）食用时不会使消费者受害的一种担保"；食品卫生则指，"为确保食品安全性和适用性在食物链的所有阶段必须采取的一切条件和措施"。

目前，在《中华人民共和国食品安全法》中，食品安全是指，"食品无毒、无害，符合应有的营养要求，对人体健康不造成任何急性、亚急性或者慢性危害"。其主要内容包括三个方面：①从食品安全性角度看，要求食品应当"无毒、无害"。"无毒、无害"是指正常人在正常食用情况下摄入可食状态的食品，不会造成对人体的危害；但无毒、无害并不是绝对的，允许少量含有，但不能超过国家的限量标准。②符合应有的营养要求。营养要求不但应包括人体代谢所需要的蛋白质、脂肪、碳水化合物、维生素、矿物质等营养素的含量，还应包括食品的消化吸收率和对人体维持正常生理功能应发挥的作用。③对人体健康不造成任何危害。这里的危害包括急性、亚急性或慢性危害。

二、化学物质的毒性概念与饮食风险概念

某种物质通过物理损伤以外的机制引起细胞或组织损伤时称为有毒（Toxic）。传统上把摄入较小剂量即能损伤身体健康的物质称为有毒物质或毒物（Toxicants）。它具有的对细胞或（和）组织产生损伤的能力称为毒性（Toxicity）。毒性较高的物质，只要相对较小的剂量，即可对机体造成一定的损害；而毒性较低的物质，则需要较大的剂量，才呈现毒性。但是一种物质的"有毒"与"无毒"，毒性的大小也是相对的，关键是此种物质与机体接触的量。在一定意义上，只要达到一定的剂量，任何物质对机体都具有毒性。

风险是一个相对较广的概念，可简单地理解为人所不希望发生的事件的发生概率或机会多少。做任何事情都有风险，饮食当然也不例外。就食品而言，个人风险将视危害成分暴露量、个人敏感性及饮食方式等而定。用风险概念来分析食品安全性问题就不难理解，现实生活中并不存在无风险或零风险的事情，问题在于消费者能接受什么样的风险。只有对可能的风险和获益做综合的平衡，权衡得失利害，才能做出合理的取舍和符合实际的决策。例如，在外就餐可能有食品污染、餐具不洁、染病机会多等危险，但有省时、便捷、美味的好处。相对而言，其风险在多数情况下是可以接受的。食品生产、加工、贮存、销售过程中使用的农药、兽药、添加剂及其他化学品，可能为消费者带来一定的风险，但不用这些化学品又会增大其他风险，如使食品中某些致病的微生物、生物毒素、寄生虫增多，食品的质量严重下降，食品的营养和品质不佳，

食品价格上涨等。作为消费者，只能根据条件选择接受哪一种风险。显然，对风险与获益两个方面充分、全面的认识与理解，是确保食品安全性的前提。其中，对食品中可能含有的危害成分的风险评估及其相应的风险控制，则是一项基础性的工作，需要严格的方法、技术、工作程序以及机构上的支持与保证。

食品安全性与毒性及其相应的风险概念也是分不开的。安全性常被解释为无风险性和无损伤性。众所周知，没有一种物质是绝对安全的，因为任何物质的安全性数据都是相对的。即使进行了大量的试验，证明某一种物质是安全的，但从统计学上讲，总有机会碰到下一个试验证明该物质不安全。此外，评价一种食品成分是否安全，不仅取决于其内在的固有毒性，而且要看其是否造成实际的伤害。事实上，随着分析技术的进步，人们已发现越来越多的食品，特别是天然物质中含有多种微量的有毒成分，但这些有毒成分并不一定会造成危害。

三、食品安全性的现代问题

（一）我国食品安全现况

我国食品工业经过几十年的发展，已取得突出的成绩。目前我国共有各类食品工业企业超过 50 万家，2017 年食品工业总产值突破 10 万亿元，占国内生产总值的 13% 左右。但是食品安全问题时有发生，仅 2017 年就发生过多起食品安全事件：日本"核污染区食品"事件、仿造肉事件、脚臭盐事件、大米镉污染事件等。接连不断的食品危机，使人们对食品安全问题忧心忡忡。食品安全问题已经成为老百姓日常议论和关注的话题，如果这个问题得不到很好的解决，将会影响公众的身体健康和生命安全，阻碍食品企业、食品产业和国民经济的发展，影响出口和国际贸易，关系到社会稳定、国家安全以及国家和政府的形象。食品安全问题是关系人民健康和国计民生的重大问题，我们必须认真对待食品安全给我们带来的挑战，切实研究食品不安全问题，认真分析原因，采取积极和行之有效的对策，逐步消除食品的不安全因素，构筑适合我国国情的食品安全体系。

从社会和经济发展的历史看，目前我国正处在一个特殊的市场发育、转型时期。我们不仅要面对发达国家已经解决的由于微生物污染造成的食源性疾病问题，还要面临由于科技进步，如转基因、食品新技术、新原料和包装材料的应用等，给食品安全带来的新风险。

（二）影响食品安全性的因素

人类社会的发展和科学技术的进步，使人类的食品生产与消费活动经历着巨大的变化。与人类历史上任何时期相比，一方面是现代饮食水平与健康水平普遍提高，反映了食品安全性状况有较大的甚至是质的改善；另一方面则是人类食物链环节增多和食物结构复杂化，这又增添了新的饮食风险和不确定因素。社会的发展提出了在达到温饱以后如何解决吃得好、吃得安全的要求。食品安全性问题正是在这种背景下被提出，而且涉及的内容越来越广，并因国家、地区和人群的不同而有不同的侧重。

目前，造成食品安全形势严峻的原因主要有以下几个方面：①微生物引起的食源性疾病；②长期使用农药、兽药、化肥及饲料添加剂；③环境污染；④食品添加剂；⑤食品加工、贮藏和包装过程；⑥食品新技术、新资源的应用带来的新的食品安全隐患；⑦市场和政府现有措施不完善，仍存在着假冒伪劣商品、食品标签滥用、违法生产经营等问题。

总之，食品不安全因素可能产生于人类食物链的不同环节，其中的某些有害成分，特别是人工合成的化学品，可因生物富集作用而使处在食物链顶端的人类受到高浓度毒物的危害。

第三节　食品安全性的监控

一、食品安全性控制与人类食物链

随着新食品资源的不断开发，食品品种的不断增加，食品生产规模的扩大，加工、消费方式的日新月异，食品贮藏、运输等环节的增多，以及食品种类、来源的多样化，原始人类赖以生存的自然食物链变得更为复杂，逐渐演化为今天的自然链和人工链组成的复杂食物链网。这一方面满足了人口增长、消费水平提高的要求；另一方面，也使人类饮食风险增大，确保食品的安全性成为现代人类日益重要的社会问题。

现代人类食物链通常可分为自然链和加工链两部分。从自然链部分来看，种植业生产中有机肥的收集、堆制、施用等环节如果忽视了严格的卫生管理，可能将多种侵害人类的病原菌、寄生虫引入农田环境、养殖场和养殖水体，进而进入人类食物链。滥用化学合成农药或将其他有害物质通过施肥、灌溉或随意倾倒等途径带入农田，可使许多合成的、难以生物代谢的有毒化学成分在食物链中富集起来，构成人类食物中重要的危害因子。由于忽视动物保健及对有害成分混入饲料的控制和监管不够，可能导致真菌毒素、人畜共患病病原菌、有害化学杂质等大量进入动物产品，给消费者带来致病风险。而滥用兽药、抗生素、生长刺激素等化学制剂或生物制品，使其在畜产品中微量残留，进而在消费者体内长期超量积累，产生副作用，尤其对儿童可能造成严重后果。从加工链部分来看，现代市场经济条件下，蔬菜、水果、肉、蛋、乳、鱼等应时鲜活产品及其他易腐坏食品，在其贮藏、加工、运输、销售的多个环节中如何确保不受危害因子侵袭而影响其安全性，是经营者和管理者始终要认真对待的问题，不能有丝毫疏忽。食品加工、包装中滥用人工添加剂和包装材料等，也是现代食品生产中新的不安全因素。在食品送达消费者餐桌的最后加工制作工序完成之前，清洗不充分、病原菌污染、使用调味品、高温煎炸烤等，仍会使一些新老危害因子一再出现，形成新的饮食风险。

由此可见，食品安全性中的危害因子，可能产生于人类食物链的不同环节，其中某些有害物质或成分特别是人工合成的化学品，可因生物富集作用而使处在食物链顶端的人类受到高浓度毒物之害。认识处在人类食物链不同环节的可能危害因子及其可能引发的饮食风险，应用食品毒理学的理论和方法，掌握其发生发展的规律，是有效控制食品安全性问题的基础。

二、我国食品安全的监管体系

食品安全监管是政府的重要职责，健全的食品安全监管体系是实施食品安全监管的重要基础设施和能力基础。当前我国已开始对食品药品实行统一监督管理。农业部门负责农产品生产环节，而将原来的国务院食品安全委员会办公室、国家食品药品监督管理总局、国家质量监督检验检疫总局的生产环节食品安全监督管理、国家工商行政管理总局的流通环节食品安全监督管理等职责整合，组建了原国家食品药品监督管理总局，负责对生产、流通和消费环节的食品和药品的安全性、有效性实施统一监管。经过 2013 年的机构调整，食品安全的监管职能高度集中到两个部门，即食品药品监督管理部门和农业部门。2018 年 3 月，根据第十三届全国人民代表大会第一次会议批准的国务院机构改革方案，整合原国家食品药品监督管理总局的职责，组建国家市场监督管理总局，不再保留国家食品药品监督管理总局。同时，我国建立了一套食品安全法律法规体系，采取了一系列有效措施：2009 年颁布了《中华人民共和国食品安全法》，2010 年成立了国务院食品安全委员会，2011 年建立了国家食品安全风险评估中心，2013 年成立了国家食品药品监督管理总局。2014 年，《中华人民共和国食品安全法（修订草案）》在全国人民代表大会的官方网站公布，开始向全社会公开征集意见，2015 年 10 月 1 日起开始正式实施。《中华人民共和国食品安全法》的出台使我国食品安全治理呈现出新面貌，为保障食品安全、提升质量水平、规范进出口食品贸易秩序提供了坚实的基础和良好的环境。

我国政府于 2001 年建立了食品质量安全市场准入制度。这项制度主要包括三项内容：一是生产许可制度，即要求食品生产加工企业具备原材料进厂把关、生产设备、工艺流程、产品标准、检验设备与能力、环境条件、质量管理、贮存运输、包装标识、生产人员等保证食品质量安全的必备条件，取得食品生产许可证后，方可生产销售食品；二是强制检验制度，即要求企业履行食品必须经检验合格方能出厂销售的法律义务；三是市场准入标志制度，根据《食品生产许可管理办法》第 29 条的规定，从 2015 年 10 月 1 日起，食品生产许可证今后将以 SC 开头，这标志着既饱含荣誉又备受诟病的 QS 告别了历史舞台。

此外，我国食品安全性监管注重过程管理，建立了包括质量管理体系、食品安全管理体系、风险控制体系、追溯技术体系、全程监管和防范体系等在内的一系列食品安全管理体系。同时政府部门在强化风险预警和应急反应机制建设、建立健全食品召回制度、加强食品安全诚信体系建设等方面做着不懈的努力，以强化食品安全监管、保障人民身体健康。

三、我国与发达国家在食品安全监管方面的差距

在美国和欧盟等一些发达国家，食品安全问题主要是针对微生物、病原体，而在我国主要是化学品危害，所以食品安全监管的任务更为艰巨。2013 年，我国正式组建国家食品药品监督管理总局，负责对食品、保健品、化妆品、药品安全管理的综合监督和组织协调，依法组织开展对重大事故的查处。然而我国在相关的监管机构体系设置、协调机制、法律规范、执行力度等多方面还有待规范和完善，与美国、欧盟等较为完善和成熟的食品安全管理体系还存在一定差距，主要表现在以下几个方面。

（一）食品安全管理体制

美国和欧盟等一些发达国家的食品安全管理涉及的部门是按精简高效原则设置的，满足了食品安全管理的需要。在该体系中，有一个高度权威管理机构构成体系的核心，组织引导其他机构的监督管理工作。相比之下，我国采用的多部门管理格局存在着诸多弊端，而且不同部门仅负责食品链的不同环节，容易出现职责不清、政出多门、相互矛盾、管理重叠和管理缺位等现象。

（二）食品安全监管方式

HACCP（Hazard Analysis Critical Control Point）体系作为一种控制食品安全危害的预防性体系，得到了各国政府的高度关注。国际食品法典委员会（Codex Alimentarius Commission）也推荐把 HACCP 制度作为有关食品安全的世界性指导纲要。美国和欧盟已强制实行 HACCP，建立以 HACCP 为基础的加工控制系统与微生物检测规范，保障了食品安全。我国由于对 HACCP 的认识不足、技术力量薄弱、食品企

业工业化程度不高等原因尚未能大范围推行 HACCP，导致食品安全问题很多时候只能做到"事后惩罚监控"，很难做到"防患于未然"，即过程监控。

（三）食品安全监管标准

美国和欧盟等发达国家由于经济技术实力强和食品质量技术检测水平高，对畜产品的环境标准要求、农药残留的标准要求等都远远高于我国。此外，我国食品质量安全控制的标准还不健全，未形成科学、完整的标准体系。许多食品安全标准的制定没有以风险评估为基础，标准的科学性和可操作性都亟待提高。而且，食品安全标准体系、检验检测体系、认证认可体系等方面还存在不适应性。

（四）生产方式和环保意识

食品的安全性与农业生态环境有密切联系。在美国和欧盟的一些国家，种植业、养殖业等均实行家庭农场经营，经营趋于规模化，便于统一监管，而且生产者在种植、养殖过程中注重环境的保护与改善。在我国，农产品、水产品、畜产品多为农户分散生产，实行小规模经营，不便监管，而且生产者缺乏环保意识，这也会影响食品的安全性。

四、提高食品安全性的策略

（1）强化政府监管，对监管不力、导致食品安全事件发生的有关部门实行问责制。

（2）加大对造成食品安全事件有关当事人、责任人的处罚力度。

（3）研究、开发食品安全快速检测技术，对食品生产流通全过程进行严格监控，保障食品安全，同时发布有关信息，确保人民群众的知情权。

（4）加强环境保护，全面控制水体、空气、土壤的污染，改变当前食品污染状况。

（5）大力发展生态农业和无污染、安全、优质的绿色食品。

（6）切实从源头抓起，防患于未然，消除食品污染于食源端。例如，减少农产品的污染，可尽量选用高效、低毒、低残留的农药及其他化学品。

（7）建立食品安全突发事件处理机制，确保食品安全突发事件中的受害人员能得到及时有效的救治，市场存在的假冒伪劣食品能得到及时的收缴、查封。

（8）掌握食品安全知识，提高自我防护意识，改进饮食习惯，革除不科学、不文明的饮食方式，少吃或不吃油炸、熏烤及霉变食物等。

食品安全性已成为当今影响广泛的社会性问题。加强对食品安全性的管理控制，既是社会进步的需要，也是民族健康的保证。历史的经验和国内外的发展形势都说明，确保食品安全性必须建立起完善的社会管理体系，主要包括以下几个主要方面：针对食品安全性问题建立完善的立法；对食品生产和供应系统所用的各类化学品，建立严格的管理机制；对食源性疾病风险实行环境全过程控制；采用绿色的或可持续的生产技术，生产对人与环境无害的安全食品；建立健全市场食品安全性的检验制度，加强执法，保障人民健康。

第二章　食品化学实验理论

第一节　食品生物化学基本概念

生物化学是生命的化学，是研究生物体的化学组成和生命过程中的化学变化规律的科学。它是运用化学的原理和方法研究生命活动化学本质的学科，是从分子水平研究生物体（包括人类、动物、植物和微生物）内基本物质的化学组成、结构、生理功能及在生命活动中这些物质所进行的化学变化（代谢反应）的规律，是生物学与化学结合的一门基础学科。

生物化学的主要内容可以概括为以下三个方面。

①研究构成生物体的基本物质的结构和性质；

②研究生物活动的各种化学变化过程；

③研究机体的各种化学变化与生理机能的相互关系。

生物化学是一门实验性科学，每一项生物化学知识的发现与研究都离不开实验技术。虽然人类早在生产实践中就应用了各种生物化学技术，如酿酒、酿醋、制酱等，但是第一个真正的生物化学实验是在 1896 年进行的，即 Eduard 用不含细胞的酵母菌提取液成功地在活的生物体外实现了糖转化为乙醇的发酵过程。生物科学近 20 年进展惊人，今日的生物化学在广度和深度上都发生了巨大变化，它已渗透到生命科学的各个领域，对食品科学也具有重要的指导意义。

人类为了维持生命，必须从外界取得物质和能量。人经口摄入体内的含有营养素（如蛋白质、糖类、脂类、矿物质、水分等）的物料统称为食物或食料。绝大多数的人类食物都是经过加工以后才被食用的，经过加工以后的食物称为食品。食品通常泛指一切食物。人是生物体，人类的食物也主要来源于其他生物。食品科学是一门以生物学、化学、工程学等为主要基础的综合学科。为了最大限度地满足人体的营养需求和适应人体的生理特点，食品资源的开发、加工手段与方法的研究等都必须建立在人及其食品的化学组成、性质和生物体在内、外各种条件下的化学变化规律的基础上。

食品生物化学是食品科学的一个重要分支，是应用生物化学之一。概括地说，食品生物化学研究的对象与范围是人及其食品体系的化学及化学过程。食品生物化学不仅涵盖生物化学的一些基本内容，而且包括食品生产和加工过程中与食品营养和感官质量有关的化学及生物化学知识。它所研究的主要内容包括以下几个方面。

（1）食品的化学组成、主要结构、性质及生理功能。食品的化学组成是指食品中含有的能用化学方法进行分析的元素或物质，主要包括无机成分如水分、矿物质等，有机成分如糖类、蛋白质、核酸、脂类、维生素等，此外还有食品添加剂以及污染物质等。

（2）食品在加工、储运过程中的变化及其对食品感官质量和营养质量的影响。

（3）食品的动态生化过程。食品的动态生化以代谢途径为中心，研究食品在人体内的变化规律及伴随其发生的能量变化。

食品生物化学既不同于以研究生物体的化学组成、生命物质的结构和功能、生命过程中物质变化和能量变化的规律，以及一切生命现象的化学原理为基本内容的普通生物化学，也不同于以研究食品的组成、主要结构、特性及其产生的化学变化为基本内容的食品化学，而是将二者的基本原理有机地结合起来，应用于食品科学的研究所产生的一门交叉学科，其是食品科学的重要基石。

第二节　生物化学实验技术

在 20 世纪，生物化学实验技术进入了快速发展阶段。20 世纪初，人们利用微量分析技术发现了维生素、激素和辅酶等。1924 年，Svedberg 创建的"超离心技术"实现了对生化物质的离心分离，并准确测定了血红蛋白等复杂蛋白质的相对分子质量。1935 年，Schoenheimer 和 Rittenberg 将放射性同位素示踪技术用于糖类及类脂物质的中间代谢的研究。1937 年，瑞典化学家 Tisellius 研制了电泳仪，建立了研究蛋白质的移动界面电泳方法。1941 年，Martin 和 Synge 建立了分配层析技术，利用柱层析使混合液中的氨基酸得到分离。20 世纪 50 年代后，各种仪器分析方法被用于生物化学研究，如高效液相色谱技术，红外光谱、紫外光谱、圆二色光谱等光谱技术、核磁共振技术等，使生物化学实验技术取得了很大的进展。Wiilkins 通过对 DNA 分子的 X 射线衍射进行研究证实了 Watson 和 Crick 的 DNA 模型。Kendrew 和 Perutz 先后对肌红蛋白和血红蛋白的结构进行了 X 射线衍射分析，成为研究生物大分子空间立体结构的先驱。1953 年，Sanger 确定了胰岛素分子的氨基酸序列；1958 年，Stem、Moore 和 Spackman 设计出氨基酸自动分析仪；1967 年，Edman 和 Begg 制成了多肽氨基酸序列分析仪；1973 年，Moore 和 Stein 设计出氨基酸序列自动测定仪，大大加快了蛋白质的分析工作。1965 年，我国化学家和生物化学家用化学方法在世界上首次人工合成了具有生物活性的结晶牛胰岛素。此外，层析技术和电泳技术也取得了重大进展。1969 年，Weber 应用 SDS- 聚丙烯酰胺凝胶电泳技术测定了蛋白质的相对分子质量；1968—1972 年，Anfinsen 创建了亲和层析技术。

20 世纪 70 年代，核酸研究的开展将生物化学实验技术推入了辉煌发展的时期。1972 年，Berg 等首次用限制性内切酶切割了 DNA 分子，并实现了 DNA 分子的重组。1973 年，Cohen 等第一次完成了 DNA 重组体的转化技术。与此同时，各种仪器分析手段进一步发展，DNA 序列测定仪、DNA 合成仪等相继制成。1980 年，英国剑桥大学的生物化学家 Sanger 和美国哈佛大学的 Gilbert 分别设计出两种测定 DNA 分子内核苷酸序列的方法，从此，DNA 序列分析法成为生物化学与分子生物学最重要的研究手段之一。1981 年，由 Jorgenson 和 Lukacs 提出的高效毛细管电泳技术（HPCE）是生化实验技术和仪器分析领域的重大突破。1984 年，Kohler、Milstein 和 Jerne 发展了单克隆抗体技术，完善了极微量蛋白质的检测技术。1985 年，Mullis 等发明了 PCR 技术（聚合酶链式反应的 DNA 扩增技术），这对于生物化学和分子生物学的研究工作具有划时代的意义。20 世纪 90 年代后，各种生物化学实验技术得到了进一步的发展和完善，并不断涌现出新的技术手段，如基因芯片、蛋白质芯片等，有力地推动了基因组学、后基因组学及蛋白质组学的研究。

食品生物技术的发展也渗透到食品理化特性、物质变化、营养价值、安全性和其他品质的分析与检测方面。对于食品物理性质测定，是应用一定的仪器设备在不破坏食品成分分子结构的状态下对食品的多种物理性质进行测定，甚至不用破坏食品的整体或组织，就能完成物理性质乃至化学组成的测定。有些物理性质的测定结果与感官评定结果很匹配，但是性质测定结果是一个客观和量化的结果，可以更好地反映食品的质量指标。

化学分析法是以物质的化学反应为基础的分析测定法，也是最基本和传统的物质定性和定量分析方法。目前，食品水分、灰分、果胶、纤维素、脂肪、蛋白质、维生素等常规测定主要采用化学分析法。

仪器分析法是随着近代和现代科学技术发展而越来越强大的分析技术，它利用仪器半自动化或全自动化分离、鉴定和分析物质的成分。这种技术现已广泛应用于食品检验领域，如分光光度法、气相色谱法、高效液相色谱法、气相色谱—质谱联用法、氨基酸自动分析仪法、原子吸收光谱法、近红外光谱分析技术等。这类方法灵敏度和精密度高，需要的样品量少，分析测定速度快，测定结果常用计算机处理、分析和展示，因此具有广阔的应用前景。

第三节　食品生物化学实验室须知

一、食品生物化学实验目的

（1）通过实验让学生掌握基本的生物化学实验操作技能。

（2）通过实验让学生加深对生物化学基础理论知识的理解。

（3）培养学生观察、分析问题和解决问题的能力，以及求实创新的工作作风。

二、生物化学实验室的基本要求

（1）实验前必须认真预习实验内容，明确实验的目的和要求，掌握实验原理和基本操作。

（2）每位学生必须穿实验服进入实验室，严格遵守实验课堂纪律，维护课堂秩序，不迟到、不早退。

（3）进入实验室后，要保持安静，不得大声谈笑，严禁随意动用器械、动物及危险品。

（4）在实验过程中要听从教师的指导，严肃认真地按操作规程进行实验，简要、准确地将实验结果和数据记录在实验记录本上。实验完成后经教师检查同意，方可离开。

（5）严格领取实验试剂及仪器，听从实验教师安排，做好领用登记。取用试剂时必须"盖随瓶走"，使用后立即盖好放回原处，切忌"张冠李戴"。实验结束后清点所用的试剂及仪器，做到领用和归还数量一致，并签字确认。

（6）严格按操作规程使用仪器，并执行使用登记；凡不熟悉其操作方法的仪器，不得随意动用；对贵重仪器必须先熟知其使用方法，才能开始使用；仪器发生故障时，应立即关闭电源，不得擅自拆修。

（7）实验完毕，将使用过的有关仪器和器材洗净放好，保持实验台面、称量台、药品架、水池以及各种实验仪器内外的清洁及整齐。

（8）未经实验教师批准，实验室内一切物品严禁携带到室外，借用物品必须办理借用物品登记手续。

（9）爱护公物，节约水、电、试剂，遵守损坏仪器"报告、登记、赔偿"制度。打破玻璃仪器要及时向教师报告，自觉登记，并在学期结束时按规定进行赔偿。

（10）实验室内严禁吸烟、饮水和进食，严禁用嘴吸移液管和虹吸管。易燃液体不得接近明火和电炉，凡产生烟雾、有害气体和不良气味的实验，均应在通风条件下进行。

（11）严格遵守实验室安全用电规则和其他安全规则。不能直接加热乙醇、丙酮、乙醚等易燃品，需要使用时要远离火源操作和放置。

（12）废弃液体（强酸、强碱溶液必须先用水稀释）可倒入水槽内同时放水冲走，或倒入指定废液收集缸内。废纸、火柴梗及其他固体废弃物和带有渣滓沉淀的废弃物都应倒入废品缸内，不能倒入水槽或到处乱扔。电泳后的凝胶和各种废物不得倒入水池，只能倒入废物缸。

（13）实验完毕，应立即关闭各种仪器电源，关闭各类阀门。离开实验室前应认真检查，严防不安全事故的发生。

（14）每次实验完毕，值日生要认真做好实验室的卫生工作，同时再次认真检查实验室是否安全，确认电源、火源、水源阀门是否关闭，离开实验室时关好门窗及排风系统等。

第四节　生物化学实验室安全与防护

在生物化学实验室中，安全的内容主要包括人身安全、仪器设备安全、试剂安全以及环境安全等。在上述安全中，人身安全最为重要，一切安全和防护救治措施的实施都要"以人为本"。但仪器设备、试剂和环境的安全也绝不可忽视，而且人身安全常与这两者联系在一起，操作者在使用仪器设备、试剂时由于操作不当或失误，轻者造成仪器设备的损毁和试剂的浪费以及环境的污染，重者会造成人身伤害。

就人身安全而言，着火、爆炸、中毒、触电、外伤等是生物化学实验室中易发生的危险程度比较高的安全事故。下面分别予以简要介绍。

一、着火

由于实验的需要，生物化学实验室中经常使用电炉、酒精灯、微波炉等火（热）源，同时经常大量使用有机溶剂，如甲醇、乙醇、丙酮、氯仿等，因此，稍有不慎极易发生火灾。

低闪点液体的蒸汽只需接触红热物体的表面便会着火，乙醚、二硫化碳、丙酮和苯的闪点很低，因此不得存放于可能会产生电火花的普通冰箱内。

1. 预防火灾必须严格遵守以下操作规程

（1）严禁在开口容器和密闭体系中用明火或微波炉加热有机溶剂，只能使用加热套或水浴加热。

（2）有机溶剂废液不得倒入废物桶，只能倒入回收瓶，之后再集中处理。废液量较少时可用水稀释后排入下水道（此操作应尽量避免）。

（3）不得在烘箱内存放、干燥、烘干有机溶剂。

（4）在有明火的实验台上有机溶剂容器须封口，也不允许倾倒有机溶剂。

2. 灭火方法

实验室中一旦发生火灾切不可惊慌失措，要保持冷静，并根据具体情况正确进行灭火或立即报火警电话（119）。

（1）容器中的易燃物着火时，用灭火毯盖灭。因为已经确证石棉有致癌性，所以改用玻璃纤维布做灭火毯。

（2）乙醇、丙酮等溶于水的有机溶剂着火时可用水灭火。汽油、乙醚、甲苯等有机溶剂着火时不能用水灭火，只能用灭火毯和砂土盖灭。

（3）导线、电器和仪器着火时不能用水和二氧化碳灭火器灭火，应先切断电源，然后用 1211 灭火器（内装二氟一氯一溴甲烷）灭火。

（4）个人衣服着火时，切勿慌张奔跑，以免风助火势，应迅速脱衣，用水龙头浇水灭火，火势过大时可就地卧倒打滚压灭火焰。

二、爆炸

生物化学实验室防止爆炸事故极为重要，一旦爆炸其毁坏力极大，后果将十分严重。比如，生物化学实验室常用的乙醇蒸汽在空气中的爆炸极限为 3.3% ～ 19%（体积分数）。

加热时会发生爆炸的混合物包括有机化合物 - 氧化铜、浓硫酸 - 高锰酸钾、三氯甲烷 - 丙酮等。

常见的引起爆炸事故的原因如下：①随意混合化学药品，并使其受热、摩擦和撞击；②在密闭的体系中进行蒸馏、回流等加热操作；③在加压或减压实验中使用了不耐压的玻璃仪器，或实验反应过于剧烈而失去控制；④易燃易爆气体大量逸入室内；⑤高压气瓶减压阀损坏或失灵；⑥用微波炉加热金属物品。

三、中毒

生物化学实验室常见的化学致癌物有石棉、砷化物、铬酸盐、溴化乙啶、芳香族化合物、丙烯酰胺等。剧毒物有氰化物、砷化物、乙腈、甲醇、汞及其化合物等。中毒的原因主要是不慎吸入、误食或由皮肤渗入。

1. 中毒的预防

（1）使用有毒或有刺激性气体时要保护好眼睛，必须佩戴防护眼镜，并应在通风橱内进行。

（2）取用有毒化学药品时必须戴橡皮手套。

（3）严禁用嘴吸移液管，在实验室内严禁饮水、进食、吸烟，禁止赤膊和穿拖鞋。

（4）不要用乙醇等有机溶剂擦洗溅洒在皮肤上的药品。

2. 中毒的急救方法

（1）误食了酸和碱，不要催吐，可先立即大量饮水，误食碱者再喝些牛奶，误食酸者饮水后再服 $Mg(OH)_2$ 乳剂，最后饮些牛奶。

（2）吸入了有毒气体，应立即转移至室外，解开衣领，休克者应施以人工呼吸，但不要用口对口法。

（3）砷和汞中毒或中毒严重者应立即送医院急救。

四、触电

生物化学实验室要使用大量的仪器，如烘箱和电炉等，因此每位实验人员都必须熟练地安全用电，避免发生用电事故，当 50 Hz 电源下 25 mA 电流通过人体时会造成呼吸困难，电流达到 100 mA 以上时则会致死。

1. 防止触电

（1）不能用湿手接触电器。

（2）电源裸露部分应做绝缘处理。

（3）损坏的接头、插头、插座和接触不良的导线应及时更换。

（4）开启仪器前先接好线路再插接电源，关闭仪器时先关电源再拆线路。

（5）仪器使用前要先检查外壳是否带电。

2. 防止电器着火

（1）保险丝、电源线的截面积，以及插头和插座都要与使用的额定电源相匹配。

（2）三条相线要平均用电。

（3）生锈的电器、接触不良的导线接头要及时处理。

（4）电炉、烘箱等电热设备（高温状态下）不可过夜使用。

（5）仪器长时间不使用要及时拔下插头。

五、外伤

1. 化学灼伤

（1）眼睛灼伤。眼睛内若溅入化学药品，应立即用大量水冲洗 15 min，不可用稀酸或稀碱冲洗。

（2）皮肤灼伤。①酸灼伤：可先用大量水冲洗，再用稀 $NaHCO_3$ 或稀氨水浸洗，最后再用水洗；②碱灼伤：可先用大量水冲洗，再用 1% 硼酸或 2% 乙酸浸洗，最后再用水洗；③溴灼伤：溴灼伤很危险，且伤口不易愈合，一旦灼伤，立即用 20% 硫代硫酸钠冲洗，再用大量水冲洗，包上消毒纱布后就医。

2. 烫伤

接触火焰、蒸汽、红热的玻璃和金属时如果发生烫伤，应立即用大量水冲洗和浸泡，若起水泡不可挑破，应包上纱布后就医，轻度烫伤可涂抹鱼肝油和烫伤油膏等。

3. 割伤

割伤是生物化学实验室常见的外伤，要特别注意预防，尤其向橡皮塞中插入温度计、玻璃管时一定要用水或甘油润滑，再用布包住玻璃管轻轻旋入，切不可用力过猛。若发生严重割伤时要立即包扎止血，并迅速就医。

4. 异物进入眼睛

若有玻璃碎片进入眼睛内则十分危险，必须十分小心谨慎，不可自取，不可转动眼球，可任其流泪。若碎片不出，则用纱布轻轻包住眼睛紧急送医院处理。若有木屑、尘粒等异物进入，可由他人翻开眼睑，用消毒棉签轻轻取出或任其流泪，待异物排出后再滴几滴鱼肝油。

实验室应准备一个完备的小药箱，专供急救时使用。药箱内备有医用酒精、红药水、紫药水、止血粉、创可贴、烫伤油膏（或万花油）、鱼肝油、1% 硼酸溶液（或 2% 乙酸溶液）、1% 碳酸氢钠溶液、20% 硫代硫酸钠溶液、医用镊子、剪刀、纱布、药棉、棉签、绷带等。

六、仪器设备安全

正确使用各种仪器设备，特别是大型和贵重仪器设备，是保证仪器设备安全的根本。

七、环境安全

严禁将微生物（包括病原性和非病原性微生物以及病原性未知的微生物）逸出实验室，避免对人和其他动物造成直接或潜在的危险。剧毒性化学试剂和某些有机溶剂（如氯仿、苯酚等）不得倒入下水道，避免对空气、水源和土壤等造成污染和危害。

上述安全事故，稍一疏忽就有可能发生，并造成不必要的损失。因此，每一位在生物化学实验室工作的人员都必须具有充分的安全意识、严格的防范措施和丰富实用的防护救治知识，发生意外时能够正确地进行处理。

第三章　光谱分析实验技术

第一节　分光光度计法

在食品生物化学实验中，对蛋白质、糖、核酸、生物酶活性等的定量分析，探讨天然活性物质有效成分的提取、活性产物的抗氧化、食品贮存过程色泽的保持、防腐剂抗菌等研究中，普遍使用到分光光度计法实验技术。

溶液对光线具有选择性的吸收作用，主要体现在物质的分子结构不同，对不同波长光线的吸收能力不同。因此，每种物质都有其特异的吸收光谱。分光光度计法主要是指利用物质特有的吸收光谱来鉴定物质性质及含量的实验技术。

一、分光光度计法的实验原理

自然界中存在各种不同波长的电磁波，分光光度计法所使用的光谱范围为 190 ~ 1100 nm，其中190 ~ 400nm 为紫外光区，400 ~ 760 nm 为可见光区，760 ~ 1100 nm 为红外光区。朗伯 - 比尔定律是分光光度计定量分析的理论依据。

当一束平行单色光（入射光强度为 I_0）照射到任何均匀、非散射的溶液上时，光的一部分被比色皿的表面反射回来（反射光强度为 I_T），一部分被溶液吸收（被吸收光强度为 I_a），一部分则透过溶液（透光强度为 I_t）。这些数值之间有如下关系：

$$I_0 = I_a + I_t + I_T \tag{3-1}$$

在分析中采用同种质料的比色皿，其反射光的强度是不变的。由于反射所引起的误差互相抵消，因此上式可简化为

$$I_0 = I_a + I_t \tag{3-2}$$

式中，I_a 越大说明对光吸收越强，也就是透过光 I_t 的强度越小，光减弱得越多。因此，分光光度计分析法实质上是测量透过光强度的变化。不同物质的溶液对光的吸收程度（吸光度 A）与溶液的浓度（c）、液层厚度（L）及入射光的波长等因素有关。溶液浓度越大、液层越厚，光被吸收的程度亦增加，透射光的强度则减少。透射光强度与入射光强度的比值，称为透光度，以 T 表示。当入射光的波长一定时，其定量关系可

用朗伯 - 比尔定律表示,即

$$A = \lg \frac{I_a}{I_t} = \lg \frac{1}{T} = kcL \qquad (3-3)$$

式中,a 为比例常数,称吸光系数,有两种表示方法:①摩尔吸光系数。该系数是指在一定波长时,溶液浓度为 1 mol/L,厚度为 1 cm 的吸光度,用 ε 或 EM 表示。②百分吸光系数或称比吸光系数。该系数是指在一定波长时,溶液质量浓度为 1 g/mL,厚度为 1cm 的吸光度,用 $E_{1cm}^{1\%}$ 表示。

吸光系数两种表示方式之间的关系是

$$\varepsilon = \frac{M_t}{10} \times E_{1cm}^{1\%} \qquad (3-4)$$

式中,M_t 是吸光物质的摩尔质量。吸光系数 ε 或 $E_{1cm}^{1\%}$ 不能直接测得,需用已知准确浓度的稀溶液测得吸光值换算而得到。例如,氯霉素($M_t=323.15$)的水溶液在 278 nm 处有吸收峰。使用纯品配制 100 mL 含 2 mg 氯霉素的溶液,以 1.00 cm 厚的比色皿在 278 nm 处测得透光率为 24.3%,吸光值为 0.614,则

$$E_{1cm}^{1\%} = \frac{A}{c \times L} = \frac{0.614}{0.002} = 307, \quad \varepsilon = \frac{323.15}{10} \times E_{1cm}^{1\%} = 9920 \qquad (3-5)$$

二、影响吸光系数的因素

(1)物质不同,吸光系数不同,所以吸光系数可作为物质的特性常数。在分光光度计法中,常用摩尔吸光系数 ε 来衡量显示反应的灵敏度,ε 值越大,灵敏度越高。

(2)溶剂不同,其吸光系数不同。说明某一物质的吸光系数时,应注明所使用的溶剂。

(3)光的波长不同,其吸光系数也不同。物质的定量需在最适合的波长下测定其吸光值,因为在此处测定的灵敏度最高。

(4)单色光的纯度对吸光系数的影响。如果单色光源不纯,会使吸收峰变圆钝,吸光值降低。严格来说,朗伯 - 比尔定律只有当入射光是单色光时才完全适合,因此物质的吸光系数与使用仪器的精度密切相关。由于滤光片的分光性能较差,故测得的吸光系数值要比真实值小得多。

三、分光光度计法的定量分析和定性检测应用

1. 定量分析

实际的分析研究中,定量分析常用标准曲线定量法(或工作曲线法)和比较定量法。

标准曲线定量法:先配制一系列浓度已知的待测物标准溶液,分别加入显色剂(若物质在紫外区有显示基团,则不必显色,待测定样品也一样),在一定波长条件下测定溶液的吸光值,在坐标纸上或用电脑软件绘制标准溶液的浓度与吸光值的标准工作曲线,计算标准工作曲线的回归方程。然后,用同样的显色方法,在相同操作条件下(相同的试剂和相同的波长)测定样品试液的吸光值,根据标准工作曲线或标准工作曲线的回归方程,进行定量计算(如图 3-1 所示)。

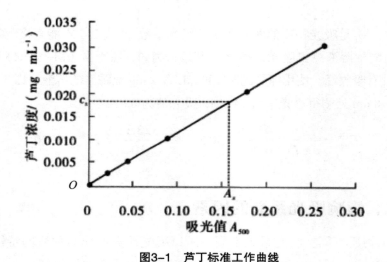

图3-1　芦丁标准工作曲线

单标准比较定量法:若标准工作曲线通过原点,且呈线性,则可按照 $\dfrac{A_x}{A_s}=\dfrac{c_x}{c_s}$ 的比例关系求 C_x。式中,A_s、C_s 分别为某个标准工作曲线的吸光值和浓度。

另外,因为分光光度计法可以任意选择某种波长的单色光,因此可以利用各种组分吸光度的加和性,在指定条件下进行混合物中各自含量的测定。

2. 定性检测

应用紫外-可见分光光度计法,依据物质在某特定波长条件下具有对应关系的吸收光谱,与物质的标准谱图对照,可对某些化合物进行定性分析。

(1)紫外可见吸收光谱在蛋白质快速测定中的应用。蛋白质中含有共轭双键的酪氨酸和色氨酸,在 280 nm 处有最大吸收峰,可用紫外-可见分光光度计法,对溶液进行吸收光谱扫描,根据吸收光谱图快速鉴别蛋白质的存在与否。

（2）紫外可见吸收光谱在植物天然活性物质（如黄酮类物质等）的分析鉴定中的应用。植物黄酮类化合物的提取及应用研究是食品生物化学研究的热点之一。黄酮类物质由于结构中发色基团的位置不同，各物质在紫外可见光区存在不同的吸收光谱曲线，吸收光谱曲线图可为黄酮类化合物的鉴别及其氧化模式提供重要信息。

（3）天然色素的提取及稳定性研究。果蔬植物中含有丰富的天然色素，经提取制备后可作为食品的天然着色剂。天然色素按化学结构不同可分为吡咯色素、多烯色素、酚类色素、吡啶色素、醌酮色素等，其对光、热、酸、碱等条件的稳定性进行研究，常用的方法是分光光度计法。检测的方法为：对色素原液进行光谱扫描，确定色素光谱曲线吸收峰的位置，并测定初始色素溶液在最大吸收峰波长下的吸光值；然后定期抽样测定色素在不同处理方法、不同贮存条件下色素溶液的吸光值以及进行吸收光谱曲线扫描。性质稳定的色素溶液，其样液的吸光值大小、扫描吸收光谱最大吸收峰所对应的波长基本保持不变。应根据吸光值大小的变化、吸收光谱曲线最大吸收峰所对应波长位置的变化与否，综合评价天然色素色泽稳定的条件。

四、使用分光光度计法的注意事项

（1）定性定量检测时，样品的吸光值尽可能控制在 0.1～1.0，以减少吸光度误差。样品在进行光谱扫描过程中，高浓度的样液无法真实反映样品的吸收光谱曲线，光谱带中的吸收峰值无法正确检出。

（2）稳定透明的样液是定性定量分析的前提（测定溶液的澄清度除外），因此选择合适的显色剂、最佳的试剂加入量、显色时间，检测样品与标准物质尽可能在相同条件下进行测定，可提高检测重现性。

（3）使用成套型的比色皿，提高仪器波长的准确性、光源电压的稳定性等，是获取准确、可靠的分析结果的保障。进行分光光度计法检测时，同批次待测样品尽可能在同一台分光光度计中完成检测。

（4）比色皿成套性的检测。

①光学玻璃比色皿成套性检查。波长置于 600 nm，在一组比色皿中加入适量蒸馏水，以其中任一比色皿为参比，调整透光率为 95%，测定并记录其他各比色皿的透光率值。比色皿间的透光率偏差小于 0.5% 的即视为同一套。

②石英比色皿成套性检查。将波长置于 220 nm，在一组比色皿中加入适量蒸馏水。检查方法同上。

（5）石英比色皿的鉴别。将待鉴别的比色皿放入紫外 - 可见分光光度计，选择紫外光区波长，以空气调节仪器零点，测定比色皿的吸光值，因玻璃吸收紫外光，导致比色皿空气吸光示值无穷大，无法检出，则可确定此器皿是玻璃比色皿。

五、分光光度计的主要部件

分光光度计法所使用的仪器是分光光度计，根据测定选用的波长范围的不同，分为可见光分光光度计和紫外 - 可见分光光度计。虽然仪器的种类繁多、型号各异、性能及精度等级不同，但主要的部件大致相同，均由光源、分光系统（单色器）、样品池（比色皿）、检测器、数据示值系统组成（如图 3-2 所示）。

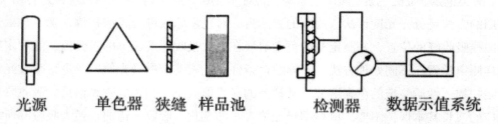

光源　　　单色器　狭缝　样品池　　　　检测器　　数据示值系统

图3-2　分光光度计仪器结构组成示意图

1. 光源

分光光度计要求能提供的检测所需波长范围的连续光源，稳定而有足够的强度。常用的有白炽灯（钨丝灯、卤钨灯等）、气体放电灯（氢灯、氙灯等）、金属弧灯（各种汞灯）等。钨灯能发射 350 ~ 2000nm 波长的连续光谱，是科技感光光度计的光源，适用于可见光和近红外光区的测量。氢灯或氙灯能发射 150 ~ 400nm 波长的连续光谱，是紫外 - 分光光度计的光源，因为玻璃吸收紫外光，故灯泡必须用石英材料制成或用石英窗隔离。为保证仪器检测过程中光源的稳定，仪器配有稳压装置。

2. 分光系统（单色器）

分光系统的核心部件是单色器，其主要功能是将光源发出的光分离成所需要的单色光。单色器由入射光狭缝、准直镜、色散元件、聚焦元件（物镜）和出射光狭缝构成。常用的色散元件有棱镜和光栅。狭缝是指由一对隔板在光通路上形成的缝隙，用来调节入射单色光的纯度和强度，也直接影响分辨力。光源通过入光狭缝使光线成为细长条照射到准直镜，准直镜可使入射光成为平行光射到色散元件，色散后的光再经聚光镜聚焦到出光狭缝，转动棱镜或光栅可使所需要的单色光从出光狭缝分出。狭缝的宽度一般为 0 ~ 2nm 可调。出射狭缝的宽度通常有两种表示方法：一种为狭缝的实际宽度，以毫米（mm）表示；另一种为光谱频带宽度，指由出射狭缝射出光束的光谱宽度，以纳米（nm）表示。

3. 样品池（比色皿）

样品池（比色皿）是无色透明的、用来盛测定溶液的专用器皿。分光光度计配有不同厚度（0.5 cm、1 cm、2 cm 等）的比色皿，可供选用。玻璃比色皿只适用可见光区，紫外光区应使用石英比色皿。比色皿光学面上的指纹、油渍、气泡及沉淀物都会对透光性能产生影响。由冰箱取出而未解冻到室温的溶液，易在比色皿光学面壁产生雾气而影响检测结果，应引起注意。

4. 检测器

紫外 - 分光光度计常用光电管和光电倍增管作为检测器，光电管装有一个阴极和一个阳极，阴极是用对光敏感的金属做成，当光射到阴极且达到一定能量时，金属原子中的电子发射出来。光越强，光波的振幅越大，电子放出越多。光电管产生电流较小，透射光变成的电信号需要放大处理。目前，分光光度计通常使用电子倍增光电管，在光照射下产生的电流比其他光电管要大得多，可提高测定的灵敏度。

5. 数据示值系统

分光光度计示值仪表有指针式和数显式，有百分透光率（T）和吸光度（A）两种表示法，现有不少分光光度计配有浓度直读装置。

分光光度计的种类很多，使用功能不断增强，操作界面和操作方法不尽相同，要仔细阅读使用说明书，按说明书的要求使用仪器。不过，各类型仪器的操作均包括以下步骤：①打开仪器电源，预热仪器；②选择合适的波长；③将待测液倒入比色皿，使液面高度到达比色皿 2/3，用擦镜纸将透光面外部擦净；④将比色皿垂直有序地放入比色架，光路要通过透光面；⑤将参比溶液放入，进行 T 调零和 A 调零；⑥依次测定样品的吸光值。多个样品测定，注意保留参比对照溶液。

第二节　荧光分析法

自然界中存在这样一类物质，当吸收了外界能量后，能发出不同波长和不同强度的光，一旦外界能量消失，则这种光也随之消失，这种光称为荧光（fluorescence）。利用荧光的光谱和荧光强度，对物质进行定性、定量分析的方法称为荧光分光分析法。

一、基本原理

在室温下分子大都处于基态的最低振动能级，在光线照射下，分子吸收能量，其中某些电子由原来的基态能级跃迁到第一电子激发态或更高电子激发态中的各个不同振动能级，跃迁到较高能级的分子，很快（约 10^{-9}s）由于分子碰撞而以热的形式损失一部分能量，从所处的激发态能级下降到第一电子激发态的最低振动能级，能量的这种转移方式称为无辐射跃迁。由第一电子激发态的最低振动能级下降到基态的能级，并以光的形式释放出它们所吸收的能量，这种光便称为荧光。

荧光分光分析法与分光光度法有所不同，分光光度法是测定物质吸收光的强度，而荧光分光分析法则是测定物质吸收了一定频率的光之后所发射出来光的强度。物质吸收的光即为激发光，物质吸收光后所发出的光即为发射光或荧光。将激发光用单色器分光后，依次连续测定每一波长由激发而引起的荧光强度，然后以荧光强度为纵坐标，激发光的波长为横坐标绘制得到的曲线，称为该荧光物质的激发光谱（excitation spectrum）。实际上，荧光物质的激发光谱便是它的吸收光谱。激发光谱中最高峰处的波长能使荧光物质发射出最强的荧光，如果保持激发光的波长和强度不变，让物质所发出的荧光通过单色器照射到检测器上，依次调节单色器至各种不同的波长，并测出相对应的荧光强度，然后以荧光强度为纵坐标，相对应的荧光波长为横坐标作图，所得到的曲线即为该荧光物质的荧光发射光谱，简称荧光光谱（fluorescence spectrum）。由于不同的物质组成与结构不同，所吸收光的波长（λ_{ex}）和发射光的波长（λ_{em}）也不同，利用这两个特性参数可以进行物质的定性鉴别。在 λ_{ex} 和 λ_{em} 一定的条件下，如果物质的浓度不同，它所发射的荧光强度（F）就不同，两者之间的定量关系可用下式表示：

$$F=Kc \qquad\qquad (3\text{-}6)$$

式中，F 为能发荧光物质的荧光强度，K 为一定条件下的常数，c 为能发荧光物质的浓度。

当激发光强度、波长、所用溶剂及温度等条件一定时，物质在一定浓度范围内，其发射荧光强度与溶液中该物质的浓度成正比，通过测量物质的荧光强度便可以对其进行定量分析。

二、荧光测定仪器的主要构件

测定荧光可以用荧光计和荧光分光光度计。前者结构较为简单且价格便宜，后者则构造精细，不仅定量测定的灵敏度和选择性高，而且可做荧光物质的定性鉴定，应用广泛。二者的基本仪器构造是相似的。由光源发出的光，经单色器让特征波长的激发光通过，照射到液槽使荧光物质发射出荧光，经第二个单色器让待测物所产生的特征波长荧光通过，照射到检测器而产生光电流，经放大后以指针指示或利用记录仪记录其信号。荧光测定仪器的主要构件如下。

1. 光源

理想的激发光源能发出含有各种波长的紫外光和可见光，光的强度要足够大，而且在整个波段范围内强度一致。理想的光源不易得到，目前应用最多的光源是汞灯、溴钨灯，也有氙弧灯，氙弧灯所发出的光波强度大。

2. 单色器

单色器是荧光仪的主要构件，它的作用主要是把入射光色散为各种不同波长的单色光，使用的单色器主要是棱镜和光栅。测定荧光的仪器有两个单色器，第一个放在光源和液槽之间，作用是滤去非特征波长的激发光；第二个放在液槽和检测器之间，作用是滤去反射光、散射光和杂荧光，让特征波长的荧光通过。荧光分光光度计采用石英棱镜或光栅作为单色器，分光能力强，从而提高了分析检测的灵敏度以及选择性。第二个单色器和检测器与光源呈90°分布，主要是为了防止透射光对荧光强度的干扰。

3. 液槽

液槽用来装溶液。由于普通的玻璃能够吸收 323 nm 以下的光，因此液槽一般用石英制成，而且四面均为透光面。

4. 检测器

荧光分光光度计采用光电倍增管作为检测器，将其接收到的光信号转变为电信号，不同类型光电阴极的光电倍增管，能得到不同效应的荧光光谱。

荧光计和荧光分光光度计的操作方法与分光光度计有以下几点不同：①需要分别选择激发光波和荧光波长；②比色池的四个面均为透光面，比色池架一次只能放一个比色池，测定时，比色池的四个透光面均要擦干净；③为了防止长时间的光照对荧光强度造成影响，只需在读数时短时间打开光路。

三、荧光分析法的定性、定量分析

1. 定性分析研究

在食品生物化学实验中应用荧光分析法，能够定性分析蛋白质在提取、加工或变性后，蛋白质疏水性、亲水性的变化；研究有机小分子、离子以及无机化合物与蛋白质的相互作用，获取对蛋白质结构及功能性质变化的信息等。

在蛋白质结构中存在三种芳香族氨基酸，即色氨酸（Trp）、苯丙氨酸（Phe）和酪氨酸（Tyr），它们能发出内源荧光，这些氨基酸的结构不同，荧光强度比为100：0.5：9。因此，绝大多数情况下，可以认为蛋白质所显示的荧光主要来自色氨酸残基的贡献，色氨酸荧光光谱主要反映色氨酸微环境极性的变化，是一种较为灵敏、在三级结构水平上反映蛋白质构象变化的技术手段。一般来讲，其荧光峰红移表明荧光发射基团暴露于溶剂，蛋白质分子伸展；如果荧光峰位置没有发生偏移，仅有荧光峰信号的减弱或增强，那么就不能将其判断为明显的蛋白质构象改变。

在测定蛋白质的性质时，可以对蛋白质对照液进行荧光光谱扫描，以确定样液最合适的发射波长，然后测定处理样品荧光发射光谱，根据发射光谱最大发射波长的位置，判断蛋白质构象的变化。如果最大荧光发射波长红移，表明蛋白质残基所处环境的极性增加，蓝移则说明蛋白质疏水性增加。

荧光分光光度计法还可以用来对蛋白质水解进行研究。例如，在酶对蛋白质的水解作用过程中，随着酶解作用时间的延长，对酶解液进行荧光光谱分析时，其荧光峰会发生红移，说明酶解液中可溶性蛋白质的含量增加。

2. 足量分析研究

荧光分析法的定量分析方法主要可分为直接测定法和间接测定法两类。

（1）直接测定法。

利用荧光分析法对被分析物质进行浓度测定，最简单的方法就是直接测定法。某些物质如果本身能够发出荧光，则只需将含有这类物质的样品做适当的前处理或分离处理除去干扰物质，便可通过测量它的荧光强度从而测出其浓度。具体有以下两种方法。

①直接比较法。配制标准溶液，使其浓度在标准曲线的线性范围之内，测定其荧光强度 F_s，在相同条件下测定样品溶液的荧光强度 F_x，已知标准溶液的浓度 c_s，便可求出样品中待测溶液的含量。

如果空白溶液的荧光强度调不到零，则必须从 F_s 和 F_x 值中扣除空白溶液的荧光强度 F_0，然后进行计算。

$$F_s - F_0 = Kc_s, \quad F_x - F_0 = Kc_x \tag{3-7}$$

$$\frac{F_s - F_0}{F_x - F_0} = \frac{c_s}{c_x}, \quad c_x = c_s \frac{F_x - F_0}{F_s - F_0} \tag{3-8}$$

②标准曲线法。将已知量的标准品经过与样品相同处理后，配成一系列标准溶液，分别测定其荧光强度，以荧光强度对荧光物质含量绘制标准曲线。再测定样品溶液的荧光强度，根据标准曲线即可求出样品中待测荧光物质的含量。

为使各次所绘制的标准曲线能够重合一致，每次需以同一标准溶液对仪器进行校正。若该溶液在紫外光照射下不稳定，需要改用另外一种稳定且荧光峰相近的标准溶液进行校正。例如，在测定维生素 B_1 时，可用硫酸奎宁作为基准来校正仪器；测定维生素 B_2 时，可用荧光素钠溶液作为基准来校正仪器。

（2）间接测定法。

有许多物质本身不能发荧光，或者荧光量子产率很低，仅能显现非常微弱的荧光，无法直接进行测定，这时可采用间接测定方法。

间接测定法主要有以下三种。

①荧光淬灭法。利用本身不发荧光的被分析物质能使某种荧光化合物的荧光淬灭的性质，通过测量荧光化合物荧光强度的下降，间接地测定该物质的浓度。

②化学转化法。通过化学反应使非荧光物质变为适合于测定的荧光物质，从而间

接地测定该物质的浓度。例如，金属离子与螯合剂反应生成具有荧光的螯合物；有机化合物通过光化学反应、降解、氧化还原、酶促反应等，使其转变为荧光物质。

③敏化发光法。对于很低浓度的分析物质，若采用一般的荧光测定方法，由于荧光信号太弱而无法检测，这时便可利用一种物质（敏化剂）以吸收激发光，然后将激发光传递给发荧光的分析物质，从而提高被分析物质测定的灵敏度。

以上三种方法都只是相对的测定分析方法，在实验时均需采用某种标准进行比较，方能得出结果。

第四章　生物活性分子的分离技术

第一节　离心法

离心技术是物质分离的一种重要手段，利用物质在离心力的作用下，按其沉降系数或浮力密度的不同进行分离、浓缩操作。各种细胞提取液常常是由固形物与液相组成的悬浮液，这种悬浮液的固液分离是生物化学实验的重要操作之一。

一、原理

任何物体受地球引力作用都会下沉，在沉降过程中，当物体的受力为零时，即做匀速运动，此刻下沉力、摩擦力、浮力达到平衡。物体在重力场的液体介质内，因受到地球引力（向下）、溶液浮力（向上）和溶液黏滞力（向上）的共同作用，会出现不同的运动。重力 F_g 可以用公式表示为

$$F_g = \frac{1}{6}\pi d^3 \rho_p g \qquad (4\text{-}1)$$

式中，d 为物体直径大小，ρ_p 为物体密度，g 为重力加速度。物体在 F_g 的作用下，不管原始形状如何，都将在重力场的方向加速，但是这种加速度只能持续极短的时间，这是由于物体在做加速运动的同时，受到的摩擦阻力越来越大，阻止它在介质中的运动。根据 Stokes 定律，球形物体颗粒在介质中沉降所受到的黏滞力 F_f 表示为

$$F_f = -3\pi \eta d v \qquad (4\text{-}2)$$

式中，η 为介质的黏度，d 为球形颗粒直径，v 为颗粒沉降速度。负号表示黏滞力的方向与颗粒的加速度方向相反。

除此之外，由于颗粒在液体的介质中还会受到液体浮力的作用。浮力 F_b 可以表示为

$$F_b = -\frac{1}{6}\pi d^3 \rho_m g \qquad （4\text{-}3）$$

式中，d 为颗粒直径，ρ_m 为介质密度，g 为重力加速度。负号表示浮力的方向与颗粒的加速度方向相反。

当作用在颗粒上的总力为零时，颗粒将会做匀速运动，也就是达到临界速度，作用力的关系式为

$$F_g - F_b = F_f \qquad （4\text{-}4）$$

联立以上四式，可以得出方程式

$$\frac{1}{6}\pi d^3 \rho_p g - \frac{1}{6}\pi d^3 \rho_m g = -3\pi \eta d\upsilon \qquad （4\text{-}5）$$

由此可以推出颗粒在介质中的沉降速度 v

$$\upsilon = d^2 \left(\rho_p - \rho_m \right) g / 18\eta \qquad （4\text{-}6）$$

此方程为 Stokes 方程，由此可以判断颗粒与沉降速度之间的关系。

地球表面的重力加速度几乎是一个常数。从理论上讲，只要颗粒的密度大于液体就会发生沉降，但是，对分离生物材料的样品，如细胞、细胞器、细菌、病毒、蛋白质和核酸等生物大分子来说，由于颗粒非常细，依靠自然沉降是不能达到完全分离的，只有通过离心力的作用才能使它们沉降下来。物体在围绕旋转轴以角速度旋转时，就产生了离心场，物体在离心场中受到离心力的作用。一般情况下，低速离心转速单位以 r/min 表示，高速离心则用重力加速度 g 表示。

离心分离是制备生物样品广泛应用的重要手段，如分离活体生物、细胞器、生物大分子、小分子聚合物等，离心方式多样，目前较多使用的有沉淀离心、差速离心、速率区带离心、等密度区带离心、淘汰离心和连续流离心等。

二、沉淀离心

沉淀离心技术是目前应用最广的一种离心方法。介质密度一般约为 1 g/mL。选用一种离心速度，使悬浮溶液中悬浮颗粒在离心力作用下完全沉淀下来，这种离心方式称沉降离心。沉淀离心技术主要适用于细菌等微生物、细胞和细胞器等生物材料及病毒和染色体 DNA 等的离心分离。

三、差速离心

差速离心是采用逐渐增加离心速率或低速和高速交替进行离心，使沉降粒子在不同离心速率及不同离心时间下分批分离的方法。由于各个细胞内组分的密度差异不大，因此差速离心法主要依据的是固形物的大小不同进行分离。如取均匀悬浮液，控制离心力及时间，使沉降系数最大的粒子先沉降，而上清液中不再含有这种粒子；取出上清液，增加离心力及时间使沉降系数小的粒子再沉降，如此逐级分离。如果悬浮液中只含有一种固形物粒子，则只需要一步离心即可将其沉降至管底。如果悬浮液中含有不止一种待分离的目标固形物，则可以选用逐步增加离心力及时间的方法，典型应用便是细胞中各种细胞器的分离（如图4-1所示）。

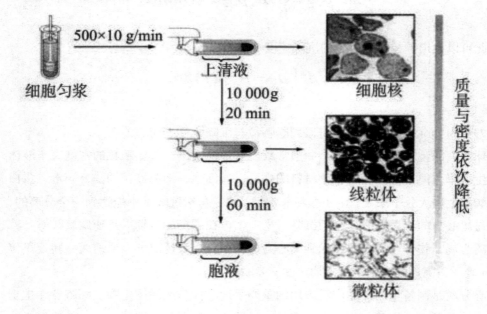

图4-1 差速离心法分离细胞器

一方面，由于距离离心管底较近的那些轻小固形物也会在较短的时间里抵达管底，因此差速离心得到的固形物往往是不均一的，需要将沉淀重新悬浮、洗涤、再次离心，反复数次，才有较好的效果。此外，差速离心操作比较麻烦，其收率和纯度不可能做到两者兼得。所以差速离心一般用于粗级分离，而不用于精细分离。

四、等密度-梯度离心

差速分级离心一般只能分离沉降系数差别在10倍以上的颗粒，在10倍以下的颗粒就难以分开了。密度梯度离心可以分离沉降系数相差10% ~ 20%S的颗粒，或者颗粒的密度差小于 0.01 g/mL 的组分。可以同时使混合样品中沉降系数相差在 10% ~ 20%S 的几个组分分开，得到的产品纯度较高。

当不同固形物存在密度差时，在离心力作用下，固形物向下沉降或向上浮起，一直移动到与它们密度恰好相等的位置上并形成区带（如图 4-2 所示），此时密度差为零，离心力的值也为零。当固形物继续向密度大的液相区域移动时，会受到指向转轴中心的力而上浮；相反，当固形物移动到密度较其本身密度小的液相区域时则会继续沉降。由此也可以看出，不管固形物的质量或体积是多少，只要密度相等便会处于同一区带上。两种离心方法各自利用了固形物特性中的大小和密度，如若将两种方法结合起来可以更高效地起到分离效果。最常见的应用便是首先用差速离心分离不同大小的组分，其次将各组分进行等密度 - 梯度离心（如图 4-3 所示）。

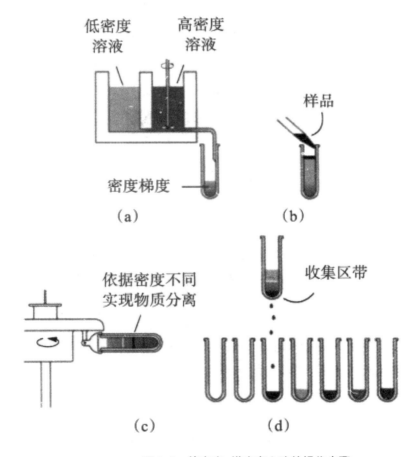

图4-2　等密度−梯度离心法的操作步骤

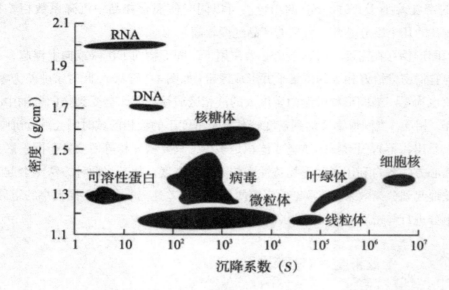

图4-3 联合使用差速离心和等密度-梯度离心分离法分离不同类型的细胞组分

一般先用差速离心法将具有相同沉降系数的组分进行分离，接着用等密度 - 梯度离心法将具有不同密度的组分进行进一步分离。

第二节 层析技术

层析技术又称为色谱技术，是利用样品中各组分的物理化学性质（分子的大小、形状，分子的极性、吸附力，分子亲和力、分配系数等）的差异，使各组分以不同比例分布在固定相和流动相中。当流动相流经固定相时，各组分以不同的速度随流动相的移动而移动，从而达到有效分离。

层析技术已有 100 多年的历史，它是由俄国植物学家茨维特（Michael Tswett）首先发现并命名的。1906 年，茨维特将碳酸钙细粉装入玻璃管内使其成柱形，然后把植物叶子的石油醚抽提液倾入并使其通过碳酸钙柱，继续用石油醚洗涤，由于碳酸钙对抽提液中各种色素的吸附能力存在差异，在玻璃管上部出现了绿色的叶绿素，中间是黄色的叶黄素，下部则是胡萝卜素，混合物的不同色素组分得到了分离。当时，茨维特把这种色带称为"色谱"，并把他开创的方法称为色谱法（chromatography）。但是，直到 1931 年德国科学家库恩（Kuhn）等才重复了茨维特的某些实验，用氧化铝和碳酸钙分离了 α- 胡萝卜素、β- 胡萝卜素和 γ- 胡萝卜素，显示了色谱分离的高分辨力。1944 年，马丁第一次用纸层析分析了氨基酸，得到了很好的分离效果，开启了近代层析技术发展和应用的新局面。此后，层析技术发展很快，薄层层析、离子交换层析、气相层析、薄膜层析、凝胶层析、亲和层析等相继出现。近年来，发展很快的高效液相色谱不仅仪器自动化程度高，而且速度快，可进行多种类型的层析分离，既可用于分析也可用于样品制备。

一、层析技术的基本概念

1. 固定相和流动相

每个层析系统都包括两相，一个是固定相，另一个是流动相。

固定相是层析的一个基质，是在色谱分离中固定不动、对样品产生保留的一相。它可以是固体物质（如吸附剂、凝胶、离子交换剂等），也可以是液体物质（如固定在硅胶或纤维素上的溶液），这些基质能与待分离的化合物进行可逆的吸附、溶解、交换等，它对层析分离的效果起着关键作用，有时甚至起着决定性作用。

在层析过程中，推动固定相上待分离的物质朝着一个方向移动的液体、气体或者超临界体等，都称为流动相。流动相在柱层析中一般称为洗脱剂或洗涤剂，在薄层层析中称为展开剂，它也是层析分离中的重要影响因素之一。

2. 分配系数和迁移率

分配系数是指在一定条件下，某一组分在固定相和流动相中作用达到平衡时，该组分分配到固定相与流动相中的含量（浓度）的比值，常用 K 来表示。

$$K = \frac{固定相中物质的浓度}{流动相中物质的浓度} \qquad (4\text{-}7)$$

分配系数与被分离的物质本身及固定相和流动相的性质有关，同时受温度、压力等条件的影响。所以，不同物质在不同条件下的分配系数各不相同。当层析条件确定时，某一物质在此层析系统条件中的分配系数为一常数。分配系数是层析中分离纯化物质的主要依据，反映了被分离的物质在两相中的迁移能力及分离效能。在不同类型的色谱中，分配系数有不同的概念：吸附色谱中称为吸附系数，离子交换色谱中称为交换系数，凝胶色谱中称为渗透参数。

迁移率是指在一定条件下，相同时间内，某一组分在固定相移动的距离与流动相移动的距离的比值，常用 R_f 来表示，$R_f \leq 1$。

$$R_f = \frac{组分在固定相移动的距离}{流动相移动的距离} \qquad (4\text{-}8)$$

R_f 值取决于被分离物质在两相间的分配系数及两相间的体积比。在同一实验条件下，两相体积比是一常数，所以 R_f 值取决于分配系数。不同物质的分配系数是不同的，

R_f 值也不相同。可以看出，K 值越大，则该物质越趋向于分配到固定相中，R_f 值就越小；反之，K 值越小，则该物质越趋向于分配到流动相中，R_f 值就越大。分配系数或 R_f 值的差异程度是决定几种物质采用层析方法能否分离的先决条件。显然，差异越大，分离效果越理想。

3. 分辨率

分辨率是指两个相邻峰的分开程度，用 R_s 表示。

$$R_s = \frac{V_2 - V_1}{(W_1 + W_2)/2} = \frac{2Y}{W_1 + W_2} \qquad （4-9）$$

式中，V_1——组分 1 从进样点到对应洗脱峰之间的洗脱液体积；

V_2——组分 2 从进样点到对应洗脱峰之间的洗脱液体积；

W_1——组分 1 的洗脱峰宽度；

W_2——组分 2 的洗脱峰宽度；

Y——组分 1 和组分 2 洗脱峰处洗脱液体积之差。

两个峰尖之间距离越大，分辨率越高；两峰宽度越大，分辨率越低。R_s 值越大表示两峰分得越开，两组分分离得越好。当 $R_s \leq 0.5$ 时，两峰部分重叠，两组分不完全分离；当 $R_s = 1$ 时，两组分分离得较好，互相沾染约 2%，即两种组分的纯度约为 98%；当 $R_s = 1.5$ 时，两峰完全分开，称为基线分离，两组分基本完全分离，两种组分的纯度达到 99.8%。

影响分辨率的因素是多方面的，被分离物质本身的理化性质、固定相和流动相的性质以及洗脱流速、进样量等因素都会影响层析分辨率。操作时应当根据实际情况综合考虑，特别是对于生物大分子，还必须考虑它的稳定性和活性等问题。还有诸如 pH 值、温度等条件都会对其产生较大的影响。

4. 操作容量（交换容量）

在一定条件下，某种组分与基质（固定相）反应达到平衡时，存在于基质上的饱和容量，称为操作容量或交换容量。它的单位是 mmol/g（mg/g）或 mmol/mL（mg/mL），数值越大，表明基质对该物质的亲和力越强。应当注意的是，同一种基质对不同种类分子的操作容量是不相同的，这主要缘于分子大小（空间效应）、带电荷的多少、溶剂的性质等多种因素的影响。因此，在实际操作时，加入的样品量要控制在一定范围内，尽量少些，尤其是生物大分子，否则用层析方法不能得到有效的分离。

5. 正相色谱和反相色谱

正相色谱是指固定相的极性高于流动相的极性。因此，在这种层析过程中非极性分子或者极性小的分子比极性大的分子移动的速度快，先从色谱柱中流出来。正相色谱用的固定相通常为硅胶以及具有胺基团和氰基团等其他极性官能团的键合相填料。

由于硅胶表面的硅羟基或其他极性基团极性较强，因此，分离次序是依据样品中各组分的极性由弱到强被冲洗出色谱柱。正相色谱使用的流动相极性相对固定相低，如正己烷、氯仿、二氯甲烷等。

反相色谱是指固定相的极性低于流动相的极性。在这种层析过程中，极性大的分子比极性小的分子移动的速度快，先从色谱柱中流出来。反相色谱用的填料通常是硅胶为基质，表面键含有极性相对较弱的官能团。反相色谱使用的流动相极性较强，通常为水、缓冲液与甲醇、乙腈等的混合物。

一般来说，分离极性大的分子（带电离子等）采用正相色谱，而分离极性小的有机分子（有机酸、醇、酚等）多采用反相色谱。

二、层析技术的分类

层析技术有很多种，根据不同的标准，可以分成多种类型。

（1）根据流动相的形式进行分类，层析可分为液相层析和气相层析。气相层析是指流动相为气体的层析，而液相层析是指流动相为液体的层析。气相层析测定样品时需要气化，这大大限制了其在食品生化领域的应用，主要用于氨基酸、糖类、脂肪酸、核酸等小分子的分析鉴定；而液相层析是食品生化领域常用的层析形式，适用于样品的分析、分离。

（2）根据固定相基质的形式进行分类，层析可以分为纸层析、薄层层析和柱层析。纸层析是以滤纸作为基质的层析。薄层层析是将基质在玻璃或塑料等光滑表面铺上一薄层，在薄层上进行层析。柱层析是将基质填装在管中形成柱形，在柱中进行层析。纸层析和薄层层析主要适用于小分子物质的快速检测分析和少量分离制备，通常为一次性使用，而柱层析是常用的层析形式，适用于样品的分析、分离纯化、制备等。蛋白质等生物大分子分离纯化中常用的凝胶层析、离子交换层析、亲和层析、高效液相色谱等都通常采用柱层析形式。

（3）根据分离原理的不同进行分类，层析主要可分为吸附层析、分配层析、离子交换层析、凝胶层析、亲和层析等。

①吸附层析是以吸附剂为固定相，根据固定相对待分离物质的吸附能力差异而使样品中各组分分离的方法。

②分配层析是利用样品中的不同组分在固定相和流动相之间的分配系数不同而达到分离目的的一种层析技术。

③离子交换层析是以离子交换剂为固定相，利用离子交换剂上的活性基团对各组分离子的亲和力不同而达到分离效果的一种层析技术。

④凝胶层析是以各种多孔凝胶为固定相，根据各组分的相对分子质量大小差异而

达到分离目的的一种层析技术。

⑤亲和层析是利用生物大分子与配体间专一的、可逆的亲和结合作用而使酶等生物大分子进行分离的一种层析技术。

三、柱层析的基本操作

1. 装柱

装柱就是把经过适当预处理的基质（吸附剂、离子交换剂、凝胶等）装入层析柱；要求装填均匀，不能分层，不能有气泡或裂缝。装柱是柱层析中最基础最关键的一步。

首先依据基质类型和分离方法选择好粗细均匀、一定直径和高度的层析柱。一般柱子的直径与长度比为 1 ： 10 ～ 1 ： 50；凝胶柱可选择 1 ： 100 ～ 1 ： 200，并且将柱子洗涤干净待用。

其次，基质在装入柱子前要进行适当的预处理。将层析用的基质在适当的溶剂或缓冲液中溶胀，并用适当浓度的酸、碱、盐溶液洗涤处理，以除去其表面可能吸附的杂质。然后，用去离子水洗涤干净并真空抽气，以除去其内部的气泡。

最后，装柱的方法有干法和湿法两种。干法装柱是将干燥的基质一边振荡一边慢慢倒入柱内，使之装填均匀，然后再慢慢加入适当的缓冲液。干法装柱要特别注意柱内是否存在气泡或裂缝，以免影响分离效果。湿法装柱是在柱内先装入一定体积的缓冲液，然后将处理好的基质溶液一边搅拌一边倒入保持垂直的层析柱内，让基质慢慢自然沉降，从而装填成均匀、无气泡、无裂缝的层析柱，最后使柱中基质表面平坦并在表面上留有 2 ～ 3 cm 高的缓冲液，以免进入空气而影响分离效果。

2. 平衡

平衡就是用 3 ～ 5 倍柱床（基质填充的高度称为柱床高度）体积的缓冲液（有一定的 pH 和离子强度）在恒定压力下冲洗柱子，以保证平衡后柱床体积稳定及基质充分平衡。

3. 上柱

上柱就是将欲分离的样品混合液加入层析柱中。上柱量的多少直接影响着分离的效果，可根据样品中被分离物质的浓度确定。一般情况下，上柱量尽量少些，分离效果比较好。通常上柱量应少于操作容量的 20%，最大加样量必须在具体条件下多次试验后才能确定。应该注意的是，上柱时应缓慢小心地将样品加到固定相表面，尽量避免冲击基质，以保持基质表面平坦。

4. 洗脱

上柱完毕后，采用适当的洗脱剂和洗脱方式将各组分从层析柱中分别洗脱下来，以达到分离的目的。洗脱的方式可分为简单洗脱、阶段洗脱和梯度洗脱三种。

（1）简单洗脱。简单洗脱是始终用同一种洗脱剂洗脱，凝胶层析多采用这种洗脱方式。如果各组分对固定相的亲和力差异不大，其区带的洗脱时间间隔也不长，采用这种方法较为适宜。但需要选择合适的溶剂，才能使各组分有效分离。

（2）阶段洗脱。阶段洗脱是采用洗脱能力不同的洗脱剂逐级进行洗脱，每次用一种洗脱剂将其中一种组分快速洗脱下来。当混合物组成简单、各组分对固定相的亲和力差异较大或者样品需快速分离时，采用这种洗脱方式比较合适。

（3）梯度洗脱。梯度洗脱是采用洗脱能力连续变化的洗脱剂进行洗脱，洗脱能力的变化可以是浓度、极性、离子强度或 pH 值等的递增或递减，因此叫梯度洗脱。当混合物组成复杂且各组分对固定相的亲和力差异较小时，宜采用梯度洗脱。

洗脱条件也是影响层析分离效果的重要因素。如果对分离混合物的性质不太了解，可以先采用线性梯度洗脱的方式进行尝试，但梯度的斜率要小一些，这样洗脱时间较长，对性质相近的组分分离比较有利。另外，洗脱速率对分离效果有显著影响。速度太快，各组分在固液两相中平衡时间短，性质相似的组分相互分不开；速度太慢，将增大物质在基质中的扩散，同样不能达到理想的分离效果。因此，要进行多次试验以得到合适的流速。此外，在整个洗脱过程中，千万不能使层析柱进气泡或干柱，否则会大大影响分离纯化的效果。

5. 再生

洗脱完成后，采用适当的方法处理基质（吸附剂、离子交换剂、凝胶等）可恢复其性能，以便反复使用。不同基质再生的方法各异，具体可以参阅相关文献。

四、常用层析技术介绍

1. 吸附层析

吸附层析是应用最早的层析技术，其原理是利用固定相（吸附剂）对物质分子的吸附能力差异来实现对混合物的分离。任何两个相之间都可以形成一个界面，其中一个相中的物质在两相界面上的密集现象称为吸附。吸附剂一般是固体或者液体，在层析中通常应用的是固体吸附剂。吸附剂主要是通过范德华力将物质聚集到自己的表面上，这样的过程就是吸附；然而，这种作用是可逆的，在一定条件下，被吸附的物质可以离开吸附剂表面，这样的过程就是解吸。

选择好适当的吸附剂是取得良好分离效果的前提和关键。吸附能力的强弱与吸附剂以及被吸附物质的结构和性质密切相关，同时吸附条件、吸附剂的处理方法等也会对吸附分离效果产生影响。一般来说，极性强的物质容易被极性强的吸附剂吸附，非极性物质容易被非极性吸附剂吸附，溶液中溶解度越大的物质越难被吸附。

吸附剂通常由一些化学性质不活泼的多孔材料制成，比表面积很大。常用的吸附剂有硅胶、羟基磷灰石、活性炭、磷酸钙、碳酸盐、氧化铝、硅藻土、泡沸石、陶土、聚丙烯酰胺凝胶、葡聚糖、琼脂糖、菊糖、纤维素等。此外，还可在吸附剂上连接亲和基团而制成亲和吸附剂。选择吸附剂时，要考虑以下几点：吸附剂应当具有适当吸附力，颗粒均匀，比表面积大；吸附选择性好，对不同组分的吸附力有一定的差异，有足够的分辨力；稳定性好，不与被吸附物或洗脱剂发生化学反应，不溶解于层析过程中使用的任何溶剂和溶液；吸附剂与被吸附物的吸附作用是可逆的，在一定条件下可以通过洗脱而解吸。吸附剂在使用前，一般要经过一些活化处理来去除杂质，以提高吸附力，增强分离效果。例如，氧化铝和活性炭等吸附剂在使用前要经过加热处理以除去吸附在其中的水分。有时，吸附剂还需经过酸处理以除去吸附在其中的金属离子。

柱层析是吸附层析常用的形式。将经过活化处理后的吸附剂装到层析柱中，待吸附柱装填好后，将适量的待分离样品上柱吸附。当样品全部进入吸附柱后，加入洗脱剂进行洗脱。洗脱的目的就是将需要得到的被吸附组分从吸附剂上解吸下来，因此要根据吸附剂和各组分的性质来合理选择洗脱剂。非极性物质用非极性溶剂洗脱，极性物质用极性大的溶剂洗脱效果好。常用洗脱剂按极性从高到低排列如下：水、甲醇、乙醇、正丙醇、丙酮、乙酸乙酯、氯仿、乙醚、二氯甲烷、苯、甲苯、三氯己烷、四氯化碳、环己烷、石油醚等。一般色素等物质被极性较弱的硅胶吸附后，可用有机溶剂洗脱。蛋白质被极性强的羟基磷灰石吸附后，要用含有盐梯度的缓冲液来洗脱。洗脱剂的选择要考虑以下几点：洗脱剂对各组分的溶解度大，黏度小，流动性好，容易与被洗脱的组分分离；纯度高，以免杂质影响分离效果；稳定性好，不与吸附剂起化学反应，不能溶解吸附剂。为了能得到较好的分离效果，常用两种或数种不同强度的溶剂按一定比例混合，得到合适洗脱能力的溶剂系统，以获得最佳分离效果。

洗脱过程中，层析柱内的被分离物质不断地与吸附剂发生解吸、吸附、再解吸、再吸附作用。被吸附在吸附剂上的组分在洗脱剂的作用下解吸而随之向下移动，遇到新的吸附剂被重新吸附，然后又被后面的洗脱液解吸而向下流动。如此反复进行，直到流出层析柱。由于吸附剂对不同组分的吸附力大小差异和洗脱剂对不同组分的解吸能力差异，因而不同组分在层析柱中向下移动的速度不同。吸附力强而解吸力弱的组分向下移动的速度最慢，吸附力弱而解吸力强的组分向下移动的速度最快。这样，各组分就按照一定的顺序被洗脱下来，从而达到分离的效果。

洗脱完成后，对用过的吸附剂进行再生处理，恢复其吸附性能。不同吸附剂的再生方法不同，主要有加热再生法、化学再生法和生物再生法。加热再生法是指在高温条件下，被吸附物的动能增大，因而容易从吸附剂活性中心脱离；同时，被吸附有机物在高温下会发生氧化降解，可能以气态分子的形式逸出或者断裂成短链而减小了吸附力。化学再生法是指被吸附物通过化学反应转化为易溶于水的物质而被解吸。生物再生法是指利用微生物的作用，将被活性炭等吸附剂吸附的有机物降解，从而使它们从吸附剂上解吸下来。

2. 离子交换层析

离子交换层析是目前最常用的层析方法之一，广泛地应用于生物大分子的分离纯化，包括蛋白质、氨基酸、多糖等。其固定相是离子交换剂，原理是利用离子交换剂上的活性基团对各种离子或离子化合物的亲和力不同达到分离的目的。

离子交换剂由基质（高分子物质）、活性基团和反离子三部分组成，它是通过在不溶性的惰性高分子物质上引入若干活性基团而制成的。例如

$$\underset{\text{基质}}{\text{纤维素}}—O—CH_2—CH_2—\underset{\text{活性基团}}{N^+(C_2H_5)_2}—\underset{\text{反离子}}{OH^-} \tag{4-10}$$

离子交换剂具有高度的不溶性，在各种溶剂中呈不溶解状态，但能释放反离子，反离子能够在交换剂中自由扩散，同时与溶液中其他离子或离子化合物进行可逆性结合，并且结合后本身的理化性质不变。离子交换剂的基质有多种，包括疏水性的树脂和亲水性的纤维素、葡聚糖、琼脂糖等。树脂是人工合成的难溶于一般溶剂的高分子聚合物，呈海绵状结构。离子交换树脂含有大量的活性基团，交换容量高，流动性好，机械强度大，主要用于分离氨基酸等小分子物质和某些不易变性的蛋白质。纤维素等亲水性基质是天然或人工合成的，它们具有松散的亲水性网络，具有较大的表面积，对生物大分子有较好的通透性，主要用于分离蛋白质、多糖等大分子物质。

根据引入基质上的活性基团的不同，离子交换剂又可分为阳离子交换剂和阴离子交换剂。活性基团是磺酸基（—SO_3H）、磷酸基（—PO_3H_2）、羧基（—COOH）等酸性基团的离子交换剂称为阳离子交换剂，它们在溶液中可解离出氢离子（H^+），在一定条件下，可与其他阳离子（A^+）进行交换。活性基团是季胺〔—$N^+(CH_3)_3$〕、叔胺〔—$NN^+(CH_3)_2H$〕、仲胺〔—$N^+(CH_3)H_2$〕等碱性基团的离子交换剂称为阴离子交换剂，它们在水中可解离出氢氧根（OH^-），可与其他阴离子交换（B^-）。其交换原理可用如下反应式表示：

$$R—SO_3H + A^+ \Leftrightarrow R—SO_3A + H^+ \tag{4-10}$$

$$R—N^+(CH_3)_3OH^- + B^- \Leftrightarrow R—N^+(CH_3)_3B^+ + OH^- \tag{4-11}$$

离子交换剂对不同离子的亲和力大小不一样，通常亲和力大小随离子价数和原子序数的增加而增大，随离子表面水化膜半径的增加而降低。强酸型阳离子交换剂的活性基团为强酸性基团，如磺酸基〔—SO_3H〕，容易在溶液中解离出 H^+，呈强酸性。强酸型阳离子交换剂对阳离子的亲和顺序如下：$Fe^{3+} > Al^{3+} > Pb^{2+} > Ca^{2+} > Mg^{2+} > K^+ > Na^+ > H^+$。弱酸型阳离子交换剂的活性基团为弱酸性基团，如羧基（—COOH），能在水中解离出 H^+，呈酸性。弱酸型阳离子交换剂对 H^+ 的亲和力特别大，容易转变为氢型交换剂。强碱型阴离子交换剂的活性基团为强碱性基团，如季胺〔—$N^+(CH_3)_3$〕，

容易在水中解离出 OH⁻，呈强碱性。强碱型阴离子交换剂对阴离子的亲和顺序如下：柠檬酸根 $>SO_4^{2-}>I^->NO_3^->CrO_4^{2-}>Br^->Cl^->HCOO^->OH^-$。弱碱型阴离子交换剂的活性基团为弱碱性基团，如叔胺 $[—N^+(CH_3)_2H]$，能在水中解离出 OH⁻，呈弱碱性。弱碱型阴离子交换剂对阴离子的亲和顺序如下： $OH^->SO_4^{2-}>CrO_4^{2-}>$ 柠檬酸根 $>$ 酒石酸根 $>NO_3^->P\,PO_4^{3-}>CH_3COO^->Br^->Cl^-$。

离子交换剂的选择一般按照以下原则。

（1）阴阳离子交换剂的选择。阴阳离子交换剂的选择取决于被分离物质所带的电荷。若被分离物质带正电荷，应用阳离子交换剂；若带负电荷，则应用阴离子交换剂；若为良性物质，则应根据其在稳定的 pH 值范围内所带电荷来选择。例如：某蛋白质的 pH=5.0，若其 pH 值在 5 ~ 8 稳定，则应用阴离子交换剂；若其在 pH < 5 稳定，则应用阳离子交换剂。

（2）强弱型离子交换剂的选择。强型离子交换剂适用的 pH 值范围广，常用来制备去离子水和分离在极端 pH 值环境中解离且较稳定的物质；弱型离子交换剂的适用范围较窄，在中性溶液中的交换容量也较高，用其分离生物大分子物质时，不易引起失活，因此习惯采用弱型离子交换剂来分离生物样品。

（3）不同离子型交换剂的选择。离子交换剂处于电中性时常带有一定的反离子，为了提高交换容量，一般应选择与交换剂结合力较小的反离子。强酸型阳离子交换剂多选择 H⁺ 型，弱酸型阳离子交换剂多选择 Na⁺ 型，强碱型阴离子交换剂多选择 OH⁻ 型，弱碱型阴离子交换剂多选择 Cl⁻ 型。

（4）不同基质离子交换剂的选择。离子交换剂的基质是疏水的还是亲水的，对被分离物质的稳定性和分离效果均有影响。一般的，分离生物大分子物质时，选择亲水性基质的交换剂比较合适，因为它们对被分离物质的吸附和洗脱都比较温和，不会导致生物大分子物质失活。

蛋白质、多糖等生物大分子进行离子交换层析，通常采用柱层析的形式。将经过适当预处理的离子交换剂装填到层析柱中，经过转型成为所需的离子型交换剂，接着用缓冲液平衡。然后，将待分离样品加入层析柱中，即上柱。上柱样品的 pH 值、离子浓度等条件要控制好，以保证样品中不同组分能够很好地分离。上柱完毕后，采用适当的洗脱液，将原来紧密吸附的各组分按一定顺序从柱上洗脱下来，从而达到分离的效果。通常采用改变洗脱液离子强度或者 pH 值的方法来降低各组分与离子交换剂的亲和力，从而将它们从离子交换剂上洗脱下来。实际上，待分离样品中有各种各样的组分，在同一洗脱条件下，可能有若干组分都处于相同的状态，因此，采用同一种洗脱条件很难将多种组分很好地分离开来。通常采用不同的洗脱条件进行洗脱，常用的洗脱方式有梯度洗脱和阶段洗脱。梯度洗脱时，洗脱液的离子强度或者 pH 值是逐步、连续地改变的，从而将各组分先后逐个地从离子交换剂上洗脱下来。阶段洗脱是用不同条件的洗脱液相继进行洗脱，比较适用于被分离各组分与离子交换剂的亲和力相差较大的情况。洗脱完成后，要对离子交换剂进行再生处理，以便重复使用。一般情况下，对其进行转型处理即可。但多次使用后，离子交换剂中会含有较多的杂质，一般要先经过酸、碱处理，再进行转型。

3. 凝胶层析

凝胶层析是以多孔凝胶为固定相，按照相对分子质量的不同而使物质分离的一种层析技术，又称为凝胶过滤、分子筛层析、凝胶排阻层析、凝胶渗透层析等。

自 20 世纪 50 年代末期以来，作为一种快速而简便的分离技术，凝胶层析广泛应用于生物、医学等领域的实验研究和工业生产中。凝胶层析所需设备简单、操作简便，分离条件温和，凝胶材料本身不带电荷，并具有亲水性，不会与被分离物质互相作用，对被分离物质的活性没有不良影响，适用于分离不稳定的化合物。凝胶层析分离效果好，重现性强，样品回收率高，接近100%。每个样品洗脱完毕，柱已再生，可反复使用。样品的用量范围广，从小量分析到大量制备均适合。适用于各种生物化学物质，如蛋白质、多糖、多肽、核酸等的分离、脱盐、浓缩及分析测定等。

凝胶是一类具有三维网状结构的高分子聚合物，内部多孔，每个颗粒的细微结构及孔穴的直径均匀，犹如一个筛子。将凝胶颗粒装入柱中，当含有分子大小不一的样品混合液通过凝胶柱时，各物质在层析柱内同时进行两种运动：一方面随着洗脱溶液的流动而进行的垂直向下的运动，另一方面是无定向的分子扩散运动，各物质的扩散程度取决于其分子大小和凝胶内孔穴的大小。大分子物质的分子直径大于凝胶内部孔穴的孔径，不能扩散到孔穴内部，完全被排阻于凝胶颗粒外部，它们只能沿着凝胶颗粒间的孔隙，随着洗脱溶剂而向下流动，因此经历的流程较短，移动速率快，先流出层析柱；小分子物质的分子直径小于凝胶内部孔穴的孔径，可自由地扩散到凝胶颗粒孔穴内，然后再扩散出来，这样不断地进出于一个个颗粒的孔穴内外，经历的流程长，向下移动的速率慢，后流出层析柱；而中等大小的分子，它们也能在凝胶颗粒内外分布，部分扩散进入凝胶内部，扩散的程度取决于它们的分子大小，因此它们在大分子物质与小分子物质之间流出层析柱，分子越大的物质越先流出，分子越小的物质越后流出。这样，经过凝胶层析柱后，样品混合液中各物质就按分子大小不同而被分离开来。在凝胶层析中，分子大小也不是唯一的分离依据，有些相对分子质量相同而分子形状不同的物质也可以被分离（如图 4-4 所示）。

分配系数 K_a 可用下式表示：

$$K_a = \frac{V_e - V_o}{V_i} \qquad (4\text{-}12)$$

式中，V_e——洗脱体积，表示某一组分从进入层析柱到最高峰出现时，所需的洗脱液体积；

$\quad\quad V_o$——外体积，即层析柱内凝胶颗粒空隙之间的体积；

$\quad\quad V_i$——内体积，即层析柱内凝胶颗粒内部孔穴的体积。

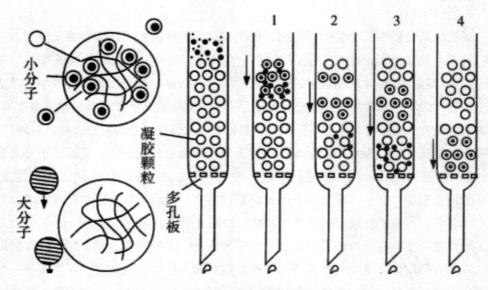

图4-4　凝胶层析示意图

当某一组分的 $K_a=0$ 时，即 $V_e=V_o$，说明该组分完全不能扩散到凝胶内部孔穴，洗脱时最先流出；$K_a=1$ 时，即 $V_e=V_o+V_i$，说明该组分可以自由地扩散到凝胶内部的所有孔穴，洗脱时最后流出；K_a 为 0 ~ 1 时，说明该组分分子大小介于大分子和小分子之间，洗脱时按照 K_a 值由小到大的顺序先后流出。

常用的凝胶有葡聚糖凝胶、琼脂糖凝胶、聚丙烯酰胺凝胶等，它们的共同特点是内部具有多孔的网状结构。葡聚糖凝胶一般是由相对分子质量 4×10^4 ~ 20×10^4 的葡聚糖单体与交联剂 1，2-环氧氯丙烷交联聚合而成，具有良好的化学稳定性，在碱性条件下非常稳定，在酸性条件下也具有较高的稳定性，并可耐120℃高温。琼脂糖凝胶是从琼脂中除去带电荷的琼脂胶后，剩下的不含磺酸基和羧酸基等带电荷基团的中性部分，结构是链状的聚半乳糖，易溶于沸水，冷却后可依靠糖基间的氢键形成网状结构的凝胶，其网孔大小和机械强度取决于琼脂糖浓度。聚丙烯酰胺凝胶是人工合成的，由丙烯酰胺（$H_2C=CH—CONH_2$）与交联剂甲叉双丙烯酰胺（$H_2C=CH—CONH—CH_2—HN—COCH=CH_2$）共聚而成，一般在 pH 值为 2 ~ 11 时内使用，强酸会使酰胺键水解而破坏其结构。

选择凝胶的主要依据是预分离组分的相对分子质量大小。凝胶颗粒的直径大小对层析柱内溶液的流速有一定影响。粗颗粒凝胶流速快，洗脱峰平坦，分辨率低，要采用直径较小的层析柱；细颗粒凝胶流速慢，洗脱峰越窄，分离效果好，采用较大直径的层析柱即可。另外，凝胶颗粒大小应当比较均匀，否则流速不稳定，会影响分离效果。

在使用前，凝胶需要进行一定的预处理。商品凝胶分为干胶和湿胶两种类型，湿胶不需要溶胀，但要去除悬浮杂质和防腐剂。干胶要浸泡溶胀，室温溶胀时间太长，一般采用热水溶胀，即将凝胶颗粒加入洗脱液中，在沸水浴中升温至接近沸腾，只需 2 ~ 3h 就可充分溶胀，同时达到灭菌消毒和排除凝胶内气泡的目的。不同的凝胶处理方法存在差异，可参考各商品凝胶的说明书。

将溶胀好的凝胶装入层析柱中，注意凝胶分布要均匀，不能有气泡或裂纹。上柱混合液的体积通常为凝胶床体积的 10% 左右，不能超过 30%，混合液浓度可以适当高些，但其黏度宜低。然后，加入洗脱液进行洗脱。洗脱液体积一般为凝胶床体积的 120% 左右。洗脱液与干凝胶溶胀和装柱平衡时用的溶液一致。经过洗脱后，样品中各组分按相对分子质量由大到小的顺序流出层析柱，应分开收集进行检测和回收。

除了进行物质分离，凝胶层析还可以测定相对分子质量。对同类型物质，凝胶层析的洗脱特性与组分的相对分子质量呈线性关系。组分的洗脱体积 V_e 与相对分子质量 M_r 的关系可用下式表示：

$$V_e = K_1 - K_2 \lg M_r$$

（4-13）

式中，K_1，K_2 为常数。

以组分的洗脱体积（V_e）对组分的相对分子质量的对数（$\lg M_r$）作图，通过测定某一组分的洗脱体积，从图中查出该组分的相对分子质量。

4. 亲和层析

生物分子间存在许多特异性的相互作用，如酶 - 底物或者抑制剂、酶 - 辅助因子、抗原 - 抗体、激素 - 受体等生物分子对之间具有的专一而可逆的结合力就是亲和力。亲和层析就是利用生物分子间这种特异的亲和力而进行生物分子分离纯化的技术。

将生物分子对中的一个固定在不溶性基质上，利用特异而可逆的亲和力对另一个分子进行分离纯化。不溶性基质又称为载体或担体，一般采用葡聚糖凝胶、琼脂糖凝胶、聚丙烯酰胺凝胶或者纤维素作为载体。被固定在载体上的分子称为配体，配体除了能与生物分子对中的另一个分子结合，还必须与基质共价结合。载体一般需要进行活化处理，引入活泼基团，才能与配体偶联或者通过连接臂与配体偶联，常用的方法有叠氮法、溴化氰法、高碘酸氧化法、甲苯磺酰氯法、环氧化法、双功能试剂法等。将配体固定到载体上的方法也有多种，包括载体结合法、物理吸附法、包埋法和交联法等。当用小分子物质作为配体时，由于载体的空间位阻效应，难以与配对的大分子亲和结合，需要在载体和配体之间引入适当长度的连接臂，以减少载体的空间位阻。

在进行亲和层析时，首先要根据欲分离物质的特性，寻找能够与之识别和可逆性结合的物质作为配体，其次根据配体分子的大小及所含基团的特性选择适宜的载体，在一定条件下，使配体与载体耦联，将配体固定化，得到载体 - 配体复合物，就可以将其装入层析柱内进行亲和层析了。最后，当样品溶液通过层析柱时，待分离的物质就与配体发生特异性结合而"吸附"到固定相上，其他不能与配体结合的杂质则随流动相流出，然后用适当的洗脱液将结合到配体上的待分离物质洗脱下来，这样就得到了纯化的待分离物质。

由于生物分子对之间的结合是专一性的，选择性很好，因此亲和层析的特点就是提纯步骤少。但是，亲和层析所用介质价格昂贵，且处理量不大，目前主要应用于实验室研究中。

5. 高效液相色谱

高效液相色谱（High Performance Liquid Chromatography，HPLC）是一种柱色谱，能用一定的溶剂溶解的物质，都可用高效液相色谱分离，它是以液体为流动相，通过高压输液泵将待分离样品、缓冲液等泵入色谱柱中，样品中各组分被分离后，进入检测器完成检测，并通过数据处理系统分析结果；同时，各组分还可通过部分收集器回收。

高效液相色谱仪一般由溶剂槽、高压输液泵（有一元、二元、三元、四元等多种类型）、色谱柱、进样器（有手动和自动两类）、检测器（常用的有紫外检测器、示差折光检测器、荧光检测器、电化学检测器等）、馏分收集器、数据处理系统等组成。其核心部件是耐高压的色谱柱，通常由优质不锈钢管制成，也可由玻璃管或钽管制成，并且其他组成元件也都要用耐高压材料制作。柱中装有粒径很小的填充材料，当填充材料的粒径大于 $30\mu m$ 时，采用内径 2 mm 的色谱柱；当填充材料的粒径小于 $10\mu m$ 时，采用内径 3 ~ 4mm 的色谱柱。色谱柱的内径越小，分离效率和重复性越好。选用的填充材料不同，分离的原理也不同，可以分为以下几种类型：*液 - 液分配色谱、液 - 固吸附色谱、离子交换色谱、凝胶渗透色谱等*。

高效液相色谱法有"三高一广"的特点：①高压：液体流动相流经色谱柱时受到较大的阻力，必须对其加以高压，使其能迅速通过色谱柱。②高效：分离效率高。通过选择固定相和流动相从而达到最佳分离效果，比工业精馏塔和气相色谱的分离效率高得多。③高灵敏度：紫外检测器可达 0.01 ng，进样量在 μL 数量级。④应用范围广：70% 以上的有机化合物可用 HPLC 分析，特别适合高沸点、大分子、强极性、热稳定性差的化合物的分离分析。此外，高效液相色谱法还有色谱柱可反复使用、样品不被破坏、易回收等优点。

但 HPLC 也有缺点，即"柱外效应"，在进样器到检测器之间，除了柱子以外的任何死空间（包括进样器、柱接头、连接管和检测池等）中，如果流动相的流形有任何变化，以及被分离物质的任何扩散和滞留都会显著地导致色谱峰的加宽，从而降低分离效率。

6. 薄层层析

薄层层析是在支持板（一般是玻璃板）上均匀地涂布一层薄薄的支持物（固定相），将待分离样品点在薄层板的一端，用适当的溶剂展开，从而使各组分得到分离的一种层析方法。

薄层层析使用的支持物种类不同，其分离原理也不同，有吸附层析、分配层析、离子交换层析、凝胶层析等。用硅胶、聚酰胺、氧化铝等做支持物，主要依据吸附力的不同而进行层析分离，称为薄层吸附层析；用纤维素、硅藻土等做支持物，主要依据分配系数的不同进行层析分离，称为薄层分配层析；用离子交换剂做支持物，主要依据离子交换作用的不同进行层析分离，称为薄层离子交换层析；用葡聚糖凝胶等凝胶做支持物，主要依据相对分子质量大小的不同进行层析分离，称为薄层凝胶层析。应用时，需要根据欲分离样品的种类选择合适的支持物，支持物的颗粒大小要适当、均匀。颗粒大有利于提高展开速度，但是颗粒过大，展开速度过快会影响分离效果；颗粒也不能太小，否则会出现拖尾现象。另外，根据欲分离物质的性质，可以选择不同的展开剂和显色剂。

薄层层析设备简单，操作简便，分离快速灵敏。样品用量一般为几微克至几百微克，也可用于分离制备较大量的样品，即使用较大较厚的薄层板。配合薄层扫描仪，薄层层析可以同时用于定性和定量分析，在生物化学、植物化学、石油、化工、医药等领域是一类广泛应用的物质分离方法。

7. 聚焦层析

聚焦层析是将蛋白质等两性物质的等电点（pI）特性与离子交换层析的特性结合在一起，实现组分分离的技术。在层析系统中，柱内要装上多缓冲离子交换剂，当含有两性电解质载体（由相对分子质量不同的多种组分的多羧基多氨基化合物组成）的多缓冲液流过层析柱时，在层析柱内形成稳定的 pH 梯度。欲分离样品液中的各个组分在此系统中会移动到与其 pI 相当的 pH 位置上，从而使不同等电点的组分得以分离。

多缓冲离子交换剂和多缓冲液是为聚焦层析专门开发的。PBE 118 和 PBE 94 是两种 pH 交换范围不同的多缓冲离子交换剂，它们分别适用于等电点在 pH 8 ~ 11 和 pH 4 ~ 9 的两性电解质的分离。这两种离子交换剂是以交联琼脂糖 6B 为母体，并通过醚键在其糖基上耦合配基制成的。多缓冲离子交换剂要与其匹配的多缓冲液一起使用才能发挥效用。多缓冲液 PB 96 和 PB 74 分别适用于 pH 9 ~ 6 和 pH 7 ~ 4 的聚焦层析，与它们相匹配的多缓冲离子交换剂是 PBE 94。如需进行 pH 9 以上的聚焦层析，则选用多缓冲离子交换剂 PBE 118 和含有 pH 8 ~ 10.5 的两性电解质载体的多缓冲液。

聚焦层析系统中的 pH 梯度是利用多缓冲离子交换剂本身的带电基团的缓冲作用

而自动形成的。例如，选用阴离子交换剂 PBE 94 作为固定相，PB 96 为流动相，先用 pH 9 的起始多缓冲液平衡到 pH 9，再用 pH 6 的多缓冲液通过层析柱，开始时流出液 pH 接近 9，随着多缓冲液的不断冲洗，流出液的 pH 不断下降，最后流出液的 pH 达到 6，层析柱内就形成了从 pH 6 ~ 9 的连续升高的梯度。

蛋白质所带电荷取决于它的 pI 和层析柱中的 pH。待分离样品液加入层析柱后，当柱中的 pH 低于蛋白质的 pI 时，蛋白质带正电荷，且不与阴离子交换剂结合。而随着洗脱剂向前移动，固定相中的 pH 是随着冲洗时间延长而变化的。当蛋白质移至环境 pH 高于其 pI 时，蛋白质由带正电变为带负电，并与阴离子交换剂结合。由于不同的蛋白质具有不同的 pI，因此它们与阴离子交换剂结合时移动的距离是不一样的。随着洗脱过程的继续进行，当蛋白质周围的环境 pH 再次低于 pI 时，它又带正电荷，并从交换剂上解吸下来。随着洗脱液向柱底的迁移，上述过程将反复进行，于是各种蛋白质就被洗下来，pI 大的先流出，pI 小的后流出。洗脱完成后，对多缓冲离子交换剂进行再生，可以反复使用。先用 pH9 的起始多缓冲液平衡，然后用 pH 6 的多缓冲液通过层析柱，直至流出液 pH 由 9 降到 6 为止。

第三节　电泳技术

电泳是指带电颗粒在电场的作用下发生迁移的过程。许多重要的生物分子，如氨基酸、多肽、蛋白质、核苷酸、核酸等都具有可电离基团，它们在某个特定的 pH 值下可以带正电或负电，在电场的作用下，这些带电分子会向着与其所带电荷极性相反的电极方向移动。电泳技术就是利用在电场的作用下，待分离样品中各种分子带电性质以及分子本身大小、形状等性质的差异，使带电分子产生不同的迁移速度，从而对样品进行分离、鉴定或提纯的技术。

一、电泳技术的基本原理

生物大分子如蛋白质、核酸、多糖等大多都有阳离子和阴离子基团，称为两性离子。常以颗粒分散在溶液中，它们的静电荷取决于介质的 H^+ 浓度或与其他大分子的相互作用。在电场中，带电颗粒向阴极或阳极迁移，迁移的方向取决于它们带电的符号，这种迁移现象即电泳。

如果把生物大分子的胶体溶液放在一个没有干扰的电场中，使颗粒具有恒定迁移速率的驱动力来自颗粒上的有效电荷 Q 和电位梯度 E。它们与介质的摩擦阻力 f 抗衡。在自由溶液中这种抗衡服从 Stokes 定律

$$F=6\pi_r v \eta \tag{4-14}$$

式中，v 是在黏度为 η 的介质中半径为 r 的颗粒的移动速度。但在凝胶中，这种抗衡并不完全符合 Stokes 定律。F 取决于介质中的其他因子，如凝胶厚度、颗粒大小，甚至介质的内渗等。

二、电泳技术的主要影响因素

1. 颗粒性质

颗粒大小、形状以及所带静电荷的多少对电泳迁移率影响很大，一般颗粒所带静电荷越多，粒子越小且呈球形，电泳迁移率就越大。

2. 电场强度

电场强度（电势梯度，electric field intensity）是指每厘米的电位降（电位差或电位梯度）。电场强度与电泳速度成正比，电场强度越高，带电颗粒移动速度越快。根据实验的需要，电泳可分为两种。一种是高压电泳，所用电压在 500 ~ 1000 V 或更高，由于电压高，电泳时间短(有的样品需数分钟)，适用于低分子化合物的分离，如氨基酸、无机离子，包括部分聚焦电泳分离及序列电泳的分离等。因电压高、产热量大，必须装有冷却装置，否则热量可引起蛋白质等物质的变性而不能分离；还会因发热引起缓冲液中水分蒸发过多，使支持物（滤纸、薄膜或凝胶等）上离子强度增加，以及引起虹吸现象（电泳槽内液被吸到支持物上）等，这都会影响物质的分离。另一种为常压电泳，产热量小，室温为 10℃ ~ 25℃时分离蛋白质标本是不被破坏的，无须冷却装置，一般分离时间长。

3. 溶液性质

（1）电泳介质的 pH。

溶液的 pH 决定着带电物质的解离程度，也决定着物质所带净电荷的多少。对蛋白质、氨基酸等类似两性电解质，pH 离等电点越远，粒子所带电荷越多，泳动速度越快，反之越慢。因此，当分离某一种混合物时，应选择一种能扩大各种蛋白质所带电荷量差别的 pH，以利于各种蛋白质的有效分离。为了保证电泳过程中溶液的 pH 值恒定，必须采用缓冲溶液。

（2）离子强度。

离子强度代表所有类型的离子所产生的静电力，它取决于离子电荷的总数。若离子强度过高，带电离子能把溶液中与其电荷相反的离子吸引在自己周围形成离子扩散层，导致颗粒所带静电荷减少，电泳速度降低。

（3）溶液黏度。

电泳速度与溶液黏度成反比，黏度越大，电泳速度越小。

（4）电渗现象。

液体在电场中，对于固体支持介质的相对移动称为电渗。在有载体的电泳中，影响电泳移动的一个重要因素是电渗。最常遇到的情况是 γ - 球蛋白由原点向负极移动，这就是电渗作用所引起的倒移现象。产生电渗现象的原因是载体中常含有可电离的基团，如滤纸中含有羟基而带负电荷，与滤纸相接触的水溶液带正电荷，从而液体向负极移动。由于电渗现象往往与电泳同时存在，带电粒子的移动距离也受电渗影响，如果电泳方向与电渗相反，则实际电泳的距离等于电泳距离加上电渗的距离。琼脂中含有琼脂果胶，其中含有较多的硫酸根，所以在琼脂电泳时电渗现象很明显，许多球蛋白均向负极移动。除去了琼脂果胶后的琼脂糖用作凝胶电泳时，电渗作用大为减弱。可用不带电的有色染料或有色葡聚糖点在支持物的中心，以观察电渗的方向和移动距离。

三、电泳设备

电泳所需的设备有电泳槽和电源。

1. 电泳槽

电泳槽是电泳系统的核心部分。根据电泳的原理，电泳支持物都是放在两个缓冲液之间，电场通过电泳支持物连接两个缓冲液，不同电泳采用不同的电泳槽。常用的电泳槽有如下几种。

（1）圆盘电泳槽。有上、下两个电泳槽和带有铂金电极的盖。上槽中具有若干孔，孔不用时，用硅橡皮塞塞住，要用的孔配以可插电泳管（玻璃管）的硅橡皮塞。电泳管的内径早期为 5 ~ 7mm，为保证冷却和微量化，现在则越来越细。

（2）垂直板电泳槽。垂直板电泳槽的基本原理和结构与圆盘电泳槽基本相同，差别只在于制胶和电泳不在电泳管中，而是在两块垂直放置的平行玻璃板中间。

（3）水平电泳槽。水平电泳槽的形状各异，但结构大致相同。一般包括电泳槽基座、冷却板和电极。

2. 电源

要使带电的生物大分子在电场中泳动，必须加电场，且电泳的分辨率和电泳速度与电泳时的电参数密切相关。不同的电泳技术需要不同的电压、电流和功率范围，所以选择电源主要根据电泳技术的需要。例如，聚丙烯酰胺凝胶电泳和 SDS 电泳需要 200 ~ 600 V 电压。

四、电泳技术分类

目前所采用的电泳方法大致可分为三类：显微电泳、自由界面电泳和区带电泳。区带电泳应用广泛，可分为以下几种类型。

按支持物物理性状的不同，区带电泳可分为：①滤纸为支持物的纸电泳；②粉末电泳，如纤维素粉电泳、淀粉电泳、玻璃粉电泳；③凝胶电泳，如琼脂电泳、琼脂糖电泳、硅胶电泳、淀粉胶电泳、聚丙烯酰胺凝胶电泳；④缘线电泳，如尼龙丝电泳、人造丝电泳。

按支持物装置形式的不同，区带电泳可分为：①平板式电泳，支持物水平放置，是最常用的电泳方式；②垂直板电泳，聚丙烯酰胺凝胶可做成垂直板式电泳；③柱状（管状）电泳，聚丙烯酰胺凝胶可灌入适当的电泳管中做成管状电泳。

按 pH 的连续性不同，区带电泳可分为：①连续 pH 电泳，如纸电泳、乙酸纤维素薄膜电泳；②非连续 pH 电泳，如聚丙烯酰胺凝胶盘状电泳。

五、几种电泳技术的介绍

1. 纸电泳和乙酸纤维素薄膜电泳

纸电泳是用滤纸做支持介质的一种早期电泳技术。尽管分辨率比凝胶介质要差，但由于其操作简单，仍有很多应用，特别是在血清样品的临床检测和病毒分析等方面有重要用途。

纸电泳使用水平电泳槽。分离氨基酸和核苷酸时常用 pH 值为 2.0 ~ 3.5 的酸性缓冲液，分离蛋白质时常用碱性缓冲液。选用的滤纸必须厚度均匀，常用国产新华滤纸和进口的 Whatman 1 号滤纸。点样位置是在滤纸的一端距纸边 5 ~ 10 cm 处。样品可点成圆形或长条形，长条形的分离效果较好。点样量为 5 ~ 100 μg 和 5 ~ 10 μL。点样方法有干点法和湿点法，湿点法是在点样前即将滤纸用缓冲液浸湿，样品液要求较浓，不宜多次点样；干点法是在点样后再用缓冲液和喷雾器将滤纸喷湿，点样时可用吹风机吹干后多次点样，因而可以用较稀的样品。电泳时要选择好正、负极，通常使用 2 ~ 10V/cm 的低压电泳，电泳时间较长。对于氨基酸和肽类等小分子物质，则要使用 50 ~ 200 V/cm 的高压电泳，电泳时间可以大大缩短，但必须解决电泳时的冷却问题，并要注意安全。

电泳完毕记下滤纸的有效使用长度，然后烘干，用显色剂显色，显色剂和显色方法可查阅有关书籍。定量测定的方法有洗脱法和光密度法。洗脱法是将确定的样品区带剪下，用适当的洗脱剂洗脱后进行比色或进行分光光度测定。光密度法是将染色后的干滤纸用光密度计直接定量测定各样品电泳区带的含量。

乙酸纤维素薄膜电泳与纸电泳相似，只是换用了乙酸纤维素薄膜作为支持介质。将纤维素的羟基乙酰换为乙酸酯，溶于丙酮后涂布成有均一细密微孔的薄膜，其厚度为 0.10 ~ 0.15 mm。

乙酸纤维素薄膜电泳与纸电泳相比有以下优点：①乙酸纤维素薄膜对蛋白质样品

吸附极少，无"拖尾"现象，染色后蛋白质区带更清晰。②快速省时，由于乙酸纤维素薄膜亲水性比滤纸小，吸水少，电渗作用小，电泳时大部分电流由样品传导，因此分离速度快，电泳时间短，完成全部电泳操作只需 90 min 左右。③灵敏度高，样品用量少。血清蛋白电泳仅需 2 μL 血清，点样量甚至少到 0.1 μL，仅含 5 μg 的蛋白样品也可以得到清晰的电泳区带。临床医学用于检测微量异常蛋白的改变。④应用面广，可用于纸电泳不易分离的样品，如胎儿甲种球蛋白、溶菌酶、胰岛素、组蛋白等。⑤乙酸纤维素薄膜电泳染色后，用乙酸、乙醇混合液浸泡后可制成透明的干板，有利于光密度计和分光光度计扫描定量及长期保存。

由于乙酸纤维素薄膜电泳操作简单、快速、价廉，目前已广泛用于分析检测血浆蛋白、脂蛋白、糖蛋白、胎儿甲种球蛋白、体液、脊髓液、脱氢酶、多肽、核酸及其他生物大分子，为心血管疾病、肝硬化及某些癌症鉴别诊断提供了可靠的依据，因而乙酸纤维素薄膜电泳已成为医学和临床检验的常规技术。

2. 琼脂糖凝胶电泳

琼脂糖是从琼脂中提纯出来的，主要是由 D- 半乳糖和 3，6 脱水 L- 半乳糖连接而成的一种线性多糖。琼脂糖凝胶的制作是将干的琼脂糖悬浮于缓冲液中，通常使用的浓度是 1% ~ 3%（体积分数），加热煮沸至溶液变为澄清，注入模板后室温下冷却凝聚即成琼脂糖凝胶。琼脂糖之间以分子内和分子间氢键形成较为稳定的交联结构，这种交联的结构使琼脂糖凝胶有较好的抗对流性质。琼脂糖凝胶的孔径可以通过琼脂糖的最初浓度来控制，低浓度的琼脂糖形成较大的孔径，而高浓度的琼脂糖形成较小的孔径。尽管琼脂糖本身没有电荷，但一些糖基可能会被羧基、甲氧基特别是硫酸根不同程度地取代，使得琼脂糖凝胶表面带有一定的电荷，引起电泳过程中发生电渗以及样品和凝胶间的静电相互作用现象，影响分离效果。市售的琼脂糖有不同的提纯等级，主要以硫酸根的含量为指标，硫酸根的含量越少，提纯等级越高。

琼脂糖凝胶可以用于蛋白质和核酸的电泳支持介质，尤其适合于核酸的提纯、分析。例如，浓度为 1%（体积分数）的琼脂糖凝胶的孔径对蛋白质来说是比较大的，对蛋白质的阻碍作用较小。这时蛋白质分子大小对电泳迁移率的影响相对较小，所以适用于一些忽略蛋白质大小而只根据蛋白质天然电荷来进行分离的电泳技术，如免疫电泳、平板等电聚焦电泳等。琼脂糖也适合于 DNA 分子、RNA 分子的分离、分析，由于 DNA 分子、RNA 分子通常较大，在分离过程中会存在一定的摩擦阻碍作用，这时分子的大小会对电泳迁移率产生明显影响。例如，对于双链 DNA，电泳迁移率的大小主要与 DNA 分子大小有关，而与碱基排列及组成无关。另外，一些低熔点的琼脂糖（62℃ ~ 65℃）可以在 65℃时熔化，因此其中的样品如 DNA 可以重新溶解到溶液中而回收。

由于琼脂糖凝胶的弹性较差，难以从小管中取出，一般不适合于管状电泳，管状电泳通常采用聚丙烯酰胺凝胶。琼脂糖凝胶通常是形成水平式板状凝胶，用于等电聚焦、免疫电泳等蛋白质电泳，以及 DNA、RNA 的分析。垂直式电泳应用得相对较少。

3. 聚丙烯酰胺凝胶电泳

聚丙烯酰胺凝胶电泳（PAGE）是以聚丙烯酰胺凝胶作为支持物的一种电泳方法。聚丙烯酰胺凝胶是以单体丙烯酰胺（Acr）和双体甲叉丙烯酰胺（Bis）为材料，在催化剂作用下，聚合为含酰胺基侧链的脂肪族长链，在相邻长链间通过甲叉桥连接而成的三维网状结构。其孔径大小是由 Acr 和 Bis 在凝胶中的总浓度 T、Bis 占总浓度的百分含量 C 及交联度决定的。交联度随着总浓度的增加而降低。一般而言，浓度及交联度越大，孔径越小。聚丙烯酰胺聚合反应需要有催化剂催化方能完成。常用的催化剂有化学催化剂和光化学催化剂。化学催化剂一般以过硫酸铵（AP）、四甲基乙二胺（TEMED）作为加速剂。当 Acr、Bis 和 TEMED 溶液中加入过硫酸铵时，过硫酸铵即产生自由基，丙烯酰胺与自由基作用后随即被"活化"，活化的丙烯酰胺在交联剂 Bis 存在下形成凝胶。聚合的初速度与过硫酸铵的浓度的平方根成正比。这种催化系统需要在碱性条件下进行。例如，在 pH 值为 8.8 条件下，7% 的丙烯酰胺在 30 min 就能聚合完全，而在 pH 值为 4.3 时则需 90 min 才能完成。温度、氧分子、杂质都会影响聚合速度：在室温下通常能很快聚合，温度升高，聚合加快；有氧或杂质存在时则聚合速度降低。在聚合前，将溶液分别抽气，可消除上述影响。光聚合反应的催化剂是核黄素，光聚合过程是一个光激发的催化反应过程。在氧及紫外线作用下，核黄素生成含自由基的产物，自由基的作用与前述过硫酸铵相同。光聚合反应通常将反应混合液置于荧光灯旁，即可发生反应。用核黄素催化反应时，可不加 TEMED，但加入后会使聚合速度加快，核黄素催化剂的优点是用量极少（1 mg/100 mL），对所分析样品无任何影响；聚合作用可以控制，改变光照时间和强度，可使催化作用延迟或加速。光聚合作用的缺点是凝胶呈乳白色，透明度较差。聚丙烯酰胺凝胶系统可分为连续和不连续电泳系统。连续系统是指电泳槽中的缓冲系统的 pH 与凝胶中的相同。不连续系统是指电泳槽中的缓冲系统的 pH 与凝胶中的不同。一般不连续系统的分辨率较高，因此目前生化实验室广泛采用不连续电泳。不连续电泳过程有三种效应，除一般电泳都具备的电荷效应外，还具有浓缩效应和分子筛效应。

（1）浓缩效应。

由于电泳基质的不连续，样品在浓缩层中得以浓缩，然后到达分离层得以分离。具体表现如下。

①凝胶层的不连续性。电泳凝胶分两层，上层是大孔径的样品胶和浓缩胶（凝胶

浓度低），下层为小孔径的分离胶（凝胶浓度高）。蛋白质分子在大孔径胶中受到的阻力小，移动速度快。进入小孔径胶后受到的阻力大，移动速度减慢。

②缓冲液离子成分的不连续性。在缓冲体系中存在三种不同的离子：第一种离子在电场中具有较大的迁移率，在电泳中走在最前面，这种离子称为前导离子（leading ion）；第二种与前导离子带有相同的电荷，但迁移率较小的离子称为尾随离子（tracking ion）；第三种是和前两种带有相反电荷的离子，称为缓冲平衡离子（buffer counter ion）。前导离子只存在于凝胶中，尾随离子只存在于电极缓冲液中，而缓冲平衡离子则在凝胶和缓冲液中均有。例如，分离蛋白质样品时，氯离子（Cl^-）为前导离子，甘氨酸离子（$NH_2CH_2COO^-$）为尾随离子，三羟甲基氨基甲烷（Tris）为缓冲平衡离子。电泳开始后，在样品胶和电极缓冲液间的界面上，前导离子很快地离开尾随离子向下迁移，由于选择了适当的 pH 缓冲液，蛋白质样品的有效迁移率介于前导离子与尾随离子的界面处，从而被浓缩成为极窄的区带。

③电位梯度的不连续性。电位梯度的高低影响电泳速度，电泳开始后，由于前导离子的迁移率最大，在其后面就形成一个低离子浓度的区域即低电导区。电导与电位梯度成反比：

$$E = \frac{I}{k_e} \tag{4-15}$$

式中，E 为电位梯度，I 为电流强度，K_e 为电导率。这种低电导区就产生了较高的电位梯度，这种高电位梯度使蛋白质和尾随离子在前导离子后面加速移动，因而在高电位梯度和低电位梯度之间形成一个迅速移动的界面。由于样品的有效迁移率介于前导离子、尾随离子之间，因此也就聚集在这个移动的界面附近，被浓缩成一狭小的样品薄层。

④pH 的不连续性。在样品胶和浓缩胶之间有 pH 的不连续性，这是为了控制尾随离子的解离，从而控制其迁移率，使尾随离子的迁移率较所有被分离样品的迁移率低，以使样品夹在前导离子和尾随离子之间而被浓缩。一般样品胶的 pH 值为 8.3，浓缩胶的 pH 值为 6.8。

（2）电荷效应。

蛋白质混合物在界面处被高度浓缩，堆积成层，形成一个狭小的高度浓缩的蛋白质区。但由于每种蛋白质分子所载有效电荷不同，故电泳速度也不同。这样各种蛋白质就以一定的顺序排列成一条一条的蛋白质区带。

（3）分子筛效应。

在浓缩层得到浓缩的蛋白质区带逐渐泳动到达分离层。由于分离层凝胶浓度大，网状结构的孔径小，蛋白质分子受到凝胶的阻滞作用。相对分子质量大且不规则的分子所受阻力大，泳动速度慢；相对分子质量小且形状为球形的分子所受阻力小，泳动速度快。这样，分子大小和形状不同的各组分在分离胶中就得到了分离。

（4）聚丙烯酰胺凝胶电泳的优点。

①聚丙烯酰胺凝胶是人工合成的凝胶，可通过调节单体和交联剂的比例，形成不同程度的交联结构，容易得到孔径大小范围广泛的凝胶，所以实验重复性很高。

②凝胶机械强度好、弹性大，便于电泳后处理。

③聚丙烯酰胺凝胶是碳 - 碳的多聚体，只带有不活泼的侧链，没有其他离子基因，因而几乎没有电渗作用。另外，聚丙烯酰胺不与样品发生相互作用。

④在一定范围内，凝胶对热稳定、无色透明、易于操作及观察，可用检测仪直接分析。

⑤设备简单，所需样品量少，分辨率高。

⑥用途广泛。除可用于生物高分子化合物的分析鉴定外，也可用于毫克级水平的分离制备。

4. 等电聚焦电泳

等电聚焦电泳是根据两性物质等电点（pI）的不同进行分离的，它具有很高的分辨率，可以分辨出等电点相差 0.01 的蛋白质，是分离两性物质如蛋白质的一种理想方法。等电聚焦电泳的分离原理是在凝胶中通过加入两性电解质形成一个 pH 梯度，两性物质在电泳过程中会被集中在与其等电点相等的 pH 区域内，从而得到分离。两性电解质是人工合成的一种复杂的多氨基、多羧基的混合物。不同的两性电解质有不同的 pH 梯度范围，要根据待分离样品的情况选择适当的两性电解质，使待分离样品中各个组分都在两性电解质的 pH 范围内，两性电解质的 pH 范围越小，分辨率越高。

等电聚焦电泳多采用水平平板电泳，也使用管式电泳。由于两性电解质的价格昂贵，使用 1 ~ 2 mm 厚的凝胶进行等电聚焦电泳价格较高，使用两条很薄的胶带作为玻璃板间隔，可以形成厚度仅为 0.15 mm 的薄层凝胶，从而大大降低成本，因此，等电聚焦电泳通常使用这种薄层凝胶。由于等电聚焦过程需要蛋白质根据其电荷性质在电场中自由迁移，通常使用较低质量浓度的聚丙烯酰胺凝胶（如 4%）以防止分子筛作用，也经常使用琼脂糖，尤其是对于相对分子质量很大的蛋白质。制作等电聚焦薄层凝胶时，首先将两性电解质、核黄素与丙烯酰胺储液混合，加入带有间隔胶条的玻璃板上，其次在上面加上另一块玻璃板，形成平板薄层凝胶。经过光照聚合后，将一块玻璃板撬开移去，将一小薄片湿滤纸分别置于凝胶两侧，连接凝胶和电极液（阳极为酸性，如磷酸溶液；阴极为碱性，如氢氧化钠溶液）。接通电源，两性电解质中不同等电点的物质通过电泳在凝胶中形成 pH 梯度，从阳极侧到阴极侧 pH 由低到高呈线性梯度分布。最后关闭电源，上样时取一小块滤纸吸附样品后放置在凝胶上，通电

30 min 后样品通过电泳离开滤纸加入凝胶中，这时可以去掉滤纸。最初样品中蛋白质所带的电荷取决于放置样品处凝胶的 pH，等电点在 pH 以上的蛋白质带正电，在电场的作用下向阴极移动。在迁移过程中，蛋白质所处的凝胶的 pH 逐渐升高，蛋白质所带的正电荷逐渐减少，到达 pH=pI 处的凝胶区域时蛋白质不带电荷，停止迁移。同样，等电点在上样处凝胶 pH 以下的蛋白质带负电，向阳极移动，最终到达 pH=pI 处的凝胶区域停止。可见等电聚焦过程无论样品加在凝胶上的什么位置，各种蛋白质都能向着其等电点处移动并最终到达其等电点处，对最后的电泳结果没有影响。因此，有时样品可以在制胶前直接加入凝胶溶液中。使用较高的电压（如 2000 V 0.5 mm 平板凝胶）可以得到较快速的分离（0.5 ~ 1 h），但应注意对凝胶的冷却以及使用恒定功率的电源。凝胶结束后对蛋白质进行染色时应注意不能直接染色，要先经过 10% 三氯乙酸的浸泡以除去两性电解质后才能进行染色。

等电聚焦电泳还可以用于测定某个未知蛋白质的等电点。将一系列已知等电点的标准蛋白（通常 3.5pI ~ 10.0pI）及待测蛋白同时进行等电聚焦电泳，测定各个标准蛋白电泳区带到凝胶某一侧边缘的距离，对各自的 pI 作图，即得到标准曲线。再测定待测蛋白的距离，通过标准曲线即可求出其等电点。

5. 毛细管电泳

1981 年，Jorgenson 等首先提出在 75 μm 内径的毛细管柱内用高压电进行分离，创造了毛细管电泳技术。毛细管电泳（Capillary Electrophoresis，CE）也称为高效毛细管电泳（High Performance Capillary Electrophoresis, HPCE），是以毛细管为分离通道，以高压直流电场为驱动力而实现分离的新型液相分离技术。毛细管电泳自问世以来得到了迅速发展，同时也促进了各种活性物质分析分离技术的发展，受到人们的重视。

CE 所用的石英毛细管管壁的主要成分是硅酸（H_2SiO_3），在 pH 值 > 3 时，H_2SiO_3 发生解离，使得管内壁带负电，和溶液接触形成双电层。在高电压作用下，双电层中的水合阳离子层使得溶液整体向负极定向移动，形成电渗流。带正电荷粒子所受的电场力和电渗流的方向一致，其移动速率是泳动速率和电渗流之和；不带电荷的中性粒子是在电渗的作用下移动的，其泳动速率为 0，故移动速率相当于电渗流；带负电荷粒子所受的电场力和电渗流的方向相反，因电渗的作用一般大于电场力的作用，故其移动速率为电渗流与泳动速率之差。在毛细管中，不管各组分是否带电荷以及带何种电荷，它们都会在强大的电渗流的推动下向负极移动，但是移动速率不一样，正离子＞中性粒子＞负离子，这样样品中各组分就因为移动速率不同而得以分离。毛细管电泳和其他电泳的区别在于：无论是否带电，各种成分的物质都可以分离，在一般电泳中起破坏作用的电渗却是毛细管电泳的有效驱动力之一。

毛细管电泳的优点可概括如下：分辨率高，塔板数为 10^5 ~ 10^6 个 /m，高者可达

10^7 个 /m；灵敏度高，紫外检测器的检测限可达 10^{-13} ~ 10^{-15}mol，激光诱导荧光检测器检测限可达 10^{-19} ~ 10^{-21}mol；检测速度快，一般分析在十几分钟内完成，最快可在 60 s 内完成；样品用量极少，进样所需样品为纳升级；成本低，实验消耗只需几毫升流动相，维持费用很低；模式多，可根据需要选用不同的分离模式且仅需一台仪器；自动化程度高，CE 是目前操作自动化程度最高的电泳技术。但是，由于 CE 样品用量少，不利于制备。

CE 可以采用多种分离介质，具有多种分离模式和多种功能，因此其应用非常广泛。通常能配成溶液或悬浮溶液的样品（除挥发性和不溶物外）均能用 CE 进行分离和分析，小到无机离子，大到生物大分子和超分子，甚至整个细胞都可进行分离检测，如核酸（核苷酸）、蛋白质（多肽、氨基酸）、糖类（多糖、糖蛋白）、酶、微量元素、维生素、杀虫剂、染料、小的生物活性分子、红细胞、体液等都可以用 CE 进行分离分析。此外，CE 在对 DNA 序列和 DNA 合成中产物纯度测定、药物与细胞的相互作用和病毒的分析、碱性药物分子及其代谢产物分析、手性药物分析等方面都有着重要应用。

第五章　活性分子及其活性检测

第一节　含量分析

　　用于生物活性分子分析、检测的方法很多，根据分析的目的、检测原理与方法、检测样品及其用量和要求的不同，选用的分析检测方法亦不同。对于种类繁多、结构复杂的生物活性分子，需要根据其分子结构、理化性质、功能特性、干扰成分的性质以及对准确度和精确度的要求等各种因素进行综合考虑，对各种分析方法进行仔细地对比后，再进行选择。随着现代仪器分析和计算机技术的迅速发展，还推出了将一种分离手段和一种鉴定方法结合的多种联用分析技术，集分离、分析与鉴定于一体，提高了方法的灵敏度、准确度以及对复杂未知物的分辨能力。

一、多糖含量的分析

　　多糖含量的测定多采用比色法，在样品中加入适当的显色剂显色后在可见光区进行比色测定。

　　1.3，5-二硝基水杨酸（DNS）比色法

　　在碱性溶液中，DNS 与还原糖共热后反应生成棕红色氨基化合物，在 540 nm 波长处有特征吸收。在一定范围内，还原糖量与反应液的颜色呈比例关系。该方法为半微量定量法，操作简便、快速，杂质干扰小，尤其适合于批量测定。

　　2. 苯酚 - 硫酸法

　　苯酚-硫酸法是指在硫酸作用下，多糖先水解成单糖，并迅速脱水生成糖醛衍生物，再与苯酚缩合。其中，戊糖及糖醛酸的缩合物在 480 nm 波长处有特征吸收，己糖缩合物在 490 nm 波长处有特征吸收，其吸光度与糖含量呈线性关系。

　　3. 蒽酮 - 硫酸法

　　蒽酮 - 硫酸法是在硫酸作用下，糖发生脱水反应生成糠醛或其衍生物，与蒽酮试剂缩合生成蓝绿色化合物，在 620 nm 波长处吸光度与糖含量呈线性关系。

二、有机酸类化合物含量的分析

总有机酸含量可采用酸碱滴定的方法来测定。如果酸性较弱的话，可采用非水溶液滴定法，或用电位法指示终点。

对于有紫外吸收的有机酸，可以在特征吸收波长处测定吸光度来计算含量。或者将有机酸与显色剂反应显色后，再进行测定。不具有紫外吸收的有机酸类物质可利用薄层色谱分离，再经显色剂显色后测定。阿魏酸、绿原酸等具有荧光的有机酸类物质，可采用薄层扫描荧光法进行测定。

采用高效液相色谱法测定有机酸含量，需根据化合物的不同性质来选择紫外检测器、荧光检测器、蒸发光散射检测器等不同的检测器。如阿魏酸、绿原酸、丹参素等可采用紫外检测器检测，熊果酸、齐墩果酸可采用蒸发光散射检测器。

具有挥发性的有机酸类成分，可采用气相色谱法测定，如桂皮酸。有些非挥发性的有机酸，可经衍生反应成具有挥发性衍生物后，再进行气相色谱法测定，如 γ-亚麻酸可衍生为 γ-亚麻酸甲酯。

三、生物碱含量的分析

生物碱的定量分析方法大多是根据其含有的氮原子或双键或分子中官能团的理化性质而设计的。早期常用酸碱滴定法、比色法、沉淀法等化学方法，近年来更多采用薄层色谱法、气相色谱法以及高效液相色谱法、毛细管电泳法（Capillary Electrophoresis，CE）等。

1. 紫外分光光度法

生物碱分子结构中大都含有共轭双键或芳香环，在紫外区域有特征吸收。由于取代基团和测定时所用溶剂不同，以及受整个分子结构的影响，其特征吸收波长会有所改变。当被测样品中无干扰成分时，可通过直接测定生物碱在最大吸收波长处的吸光值来计算含量。紫外分光光度法的优点在于操作简便、快速，样品用量少，专属性强，准确度高。缺点是抗干扰能力差，样品测定前一般要经萃取法或色谱法进行处理。

2. 比色法

通过加入适当的显色剂与生物碱反应之后，在可见光区测定其最大吸收波长处的吸光值，计算出含量，这种分析方法叫比色法。该方法的灵敏度高，所需样品量少，并且有一定的专属性和准确性，是生物碱类成分重要的分析方法之一。

比色法测定生物碱通常包括：①加酸性染料（如溴麝香草酚蓝、溴甲酚绿等）比色法；②与生物碱沉淀剂（如苦味酸盐、雷氏盐等）反应产生有色沉淀，定量分离溶解后再进行比色；③根据生物碱自身的性质或分子中所含官能团，与某些试剂发生显色反应，再进行比色，如异羟肟酸铁比色法。

（1）酸性染料比色法。

在一定 pH 条件下，某些生物碱类成分能与 H^+ 结合成阳离子，而酸性染料在此条件下解离为阴离子，两者可定量结合成有色离子对，再以有机溶剂定量提取，测定一定波长下提取液的吸光值或经碱化后释放的染料的吸光值，即可计算出生物碱的含量。此方法测定的关键在于，介质的 pH 值、酸性染料的种类和有机溶剂的选择，其中尤以 pH 的选择更为重要。

（2）雷氏盐比色法。

雷氏盐又称雷氏铵盐或硫氰酸铬铵，其组成为 $NH_4[Cr(NH_3)_2(SCN)_4]\cdot H_2O$，为红色至深红色结晶，微溶于冷水，易溶于热水，可溶于乙醇。在酸性水溶液或酸性烯醇中，雷氏铵盐可与生物碱类成分定量反应生成难溶于水的红色络合物。含 2 个或 2 个以上氮原子的生物碱，则可与雷氏铵盐进一步作用生成双盐、三盐等沉淀。生物碱雷氏盐沉淀易溶于丙酮，其丙酮溶液所呈现的吸收特征是来自分子结构中硫氰酸铬铵部分，而不是结合的生物碱部分。测定时，可将此沉淀过滤洗净后溶于丙酮（或甲醇），于 525 nm（溶于甲醇时，427 nm）处直接比色测定，再换算成生物碱含量；或者，精密加入过量雷氏盐，滤除生成的生物碱雷氏盐沉淀，测定滤液中残存的过量雷氏盐含量，从而间接计算出生物碱含量。

应用雷氏盐法进行比色测定时应注意：①雷氏盐的水溶液在室温下可分解，使用时应新鲜配制，沉淀反应也需在低温下进行；②雷氏盐的丙酮或丙酮 - 水溶液的吸光值随时间而变化，应快速测定。

（3）苦味酸盐比色法。

在弱酸性或中性溶液中，生物碱可与苦味酸定量生成苦味酸盐沉淀，该沉淀可溶于氯仿等有机溶剂，在碱性条件下则可解离释放出苦味酸和生物碱。在含量测定时可采用三种方法：①在 pH 4 ～ 5 的缓冲溶液中加氯仿溶解生物碱苦味酸盐后，在 360 nm 处直接比色；②在 pH 7 条件下使生物碱生成苦味酸盐沉淀，用氯仿溶解提取，再用 pH 11 的缓冲溶液将其解离，将苦味酸转溶到碱性水溶液中进行比色；③滤出生物碱苦味酸盐沉淀，加碱使其解离，以有机溶剂萃取游离出的生物碱，将含苦味酸的碱性水溶液进行比色测定。

（4）异羟肟酸铁比色法。

含有酯键的生物碱，在碱性介质中加热使酯键水解，产生的羧基与盐酸羟胺反应生成异羟肟酸，再与 Fe^{3+} 反应生成紫红色的异羟肟酸铁，在 530 nm 处有最大吸收。由于含有酯键结构（包括内酯）的成分均能发生上述反应，因此测定的样品溶液中必须不存在其他酯类成分，以免影响分析结果。

3. 薄层色谱法

薄层色谱法测定生物碱类成分的优点在于操作简单而快速，在选用的条件下能对不同的组分有较好的分离，抗干扰能力较强。但是，如果样品成分太复杂，且含量很低，则在层析之前应进行纯化处理。常用的定量方法有薄层色谱——分光光度法和薄层色谱扫描法，其中后者多采用双波长反射式锯齿扫描，若被测成分本身具有荧光，也可采用荧光扫描法。

4. 高效液相色谱法

高效液相色谱法是生物碱类成分定量分析最常用的方法，尤其适用于单体生物碱成分的含量测定。由于生物碱类化合物种类繁多、酸碱性强弱不同、存在形式不同，采用高效液相色谱法进行含量测定时，必须全面考虑各种因素，包括固定相、流动相、检测方法及样品前处理等，可选用的方法包括吸附色谱、正相色谱、反相色谱及离子交换色谱法等，其中以反相色谱法最为常用。

在反相色谱法中，多采用非极性化学键合固定相，如十八烷基硅烷键合硅胶（简称 ODS 或 C18）、辛烷基硅烷键合硅胶（C8），流动相常用甲醇 - 水、乙腈 - 水系统。

5. 气相色谱法

气相色谱法测定生物碱含量，只适用于有挥发性且热稳定的生物碱类成分，如麻黄碱、槟榔碱、苦参碱等。某些挥发性生物碱的盐类在约 325℃急速加热下，变成游离生物碱，可直接进行气相色谱分析。但是必须注意，生物碱盐在急速加热器中产生的酸对色谱柱和检测器不利。样品溶液在提取、纯化过程中要避免加热，以防成分被破坏或挥发，最后需用氯仿等低极性有机溶剂来制备供试液。

6. 毛细管电泳法

大多数生物碱分子结构中含有的氮原子呈碱性，在酸性环境下电离成阳离子，而具有不同的荷质比，可采用区带毛细管电泳法进行分离。分析时，可根据生物碱 pKa 值的不同选择缓冲液 pH 值，还可根据结构上的细微差异适当加入一些试剂以增强选择性和分离度。部分生物碱（如吲哚类生物碱）由于碱性较弱而较难电离，可选择胶束毛细管电泳法。但由于生物碱本身带正电荷，容易与管壁上的固定电荷（负电荷）发生作用，因此常需加入乙腈、甲醇等改性剂，以改善拖尾现象。

四、黄酮类化合物含量的分析

黄酮类化合物的定量分析方法主要有紫外分光光度法、比色法、薄层色谱法和高效液相色谱法等。

1. 紫外分光光度法

黄酮类化合物结构中都含有 α - 苯基色原酮基本结构，羰基与 2 个芳香环形成 2

个较强的共轭系统吸收，在紫外光区有 2 个较强的特征吸收。大多数黄酮类化合物在甲醇中有 2 个主要紫外吸收光谱带：出现在 300 ~ 400nm 之间的吸收带称为吸收带 I，来自 B 环共轭；出现在 240 ~ 280nm 吸收带称为吸收带 II，来自 A 环。根据黄酮类化合物结构的不同，其最大吸收波长也不同，可以通过特征吸收波长处的吸光值来计算含量。

某些试剂的加入，能使黄酮类化合物的特征吸收峰发生一定程度的位移。例如，黄酮醇类化合物在中性乙醇介质中与 Al^{3+} 络合，使吸收带向长波移动；在醋酸钠乙醇溶液中，吸收带 II 向长波移动 8 ~ 20nm；在乙醇钠溶液、硼酸钠溶液中，其特征吸收均发生位移。

2. 比色法

比色法一般用于样品中总黄酮含量的测定。黄酮类化合物母核中三五位上的羟基、B 环上任何相邻的羟基，均能与 Al^{3+}、Fe^{3+}、Sb^{3+}、Cr^{2+} 等金属离子反应形成络合物，呈现出黄色或橙色，且多数在紫外光下有显著荧光，常被用于定量分析。最常用的方法是以芦丁为对照品，加亚硝酸钠和硝酸铝显色来测定含量。

此外，1, 2- 萘醌 -4- 磺酸（Folin 试剂）等一些酚类试剂，也可与黄酮类化合物呈色。

3. 薄层色谱法

薄层色谱法是测定样品中单体黄酮类成分的有效方法。可用硅胶、纤维素或聚酰胺进行色谱分离，再将含有待测组分的色斑刮下，以适当溶剂洗脱后用紫外分光光度法测定，也可以用薄层扫描仪直接在薄层板上测定。

4. 高效液相色谱法

高效液相色谱法（HPLC）在黄酮类化合物含量的分析中扮演着重要角色，其高效、灵敏、准确的特点使得它成为该领域广泛应用的分析技术。高效液相色谱法利用不同黄酮类化合物在固定相和流动相之间的分配系数差异，通过高压泵推动流动相流经装有固定相的色谱柱，使样品中的黄酮类化合物得到分离，并通过检测器进行检测和定量分析。

在分析过程中应严格控制实验条件的一致性，以保证分析结果的准确性和重现性。样品处理过程中应注意避免黄酮类化合物的损失和降解。色谱柱的选择和使用寿命对分离效果有重要影响，应定期更换老化的色谱柱以保证分离效果。通过以上步骤，高效液相色谱法可以准确、快速地分析出样品中黄酮类化合物的含量，为相关领域的研究和应用提供有力支持。

五、醌类化合物含量的分析

醌类化合物是指分子内具有不饱和环二酮（醌式结构）或容易转变成这样结构的

天然有机化合物，主要有苯醌、萘醌、菲醌和蒽醌等四种类型，以蒽醌类比较多见。其中，萘醌、菲醌类总成分定量分析常用重量法、分光光度法；萘醌、菲醌单体成分定量分析常用薄层色谱法、高效液相色谱法；蒽醌类成分的定量分析方法主要有比色法、薄层色谱法和高效液相色谱法（HPLC）。

1. 比色法

蒽醌类化合物结构中有带芳环的共轭体系及酚羟基、甲氧基等助色团时，通常在可见光区有最大吸收，可选择适当的波长测定吸光值计算含量。若分子结构中没有助色团，可将蒽醌与碱液、醋酸镁试液反应生成红色，于 500 ~ 550nm 处进行比色测定。

2. 薄层色谱法

薄层色谱法具有同时分离和测定的优点，如果选择适当的层析条件，可将样品中的醌类成分分成单一的组分后分别测定，因此主要用于分离测定单体醌类成分的含量。

3. 高效液相色谱法

虽然醌类成分的定量分析方法很多，但都显得烦琐、费时，尤其是样品的制备与分离更是复杂、费时。薄层色谱法虽能分离单一成分，但分离度欠佳，实际色谱过程需要展开数次才能测定，比较适合于蒽醌苷元的分离。气相色谱法则需要先将蒽醌制成相应的衍生物，操作步骤烦琐。而 HPLC 则克服了上述缺点，并能获得令人满意的结果。

HPLC 色谱条件通常选择 C18 柱、紫外检测器；流动相常用乙腈 - 水或甲醇 - 水，并调整 pH，使其呈偏酸性以避免酸性基团的解离。

六、萜类化合物含量的分析

萜类是指由异戊二烯聚合而成的一系列化合物及其衍生物。含有 1 个异戊二烯单位的萜类称为半萜，含有 2 个异戊二烯单位的萜类称为单萜，含有 4 个异戊二烯单位的萜类称为二萜。另有一类特殊的单萜，其母核都为环状，多具有半缩醛及环戊烷环的结构特点，称为环烯醚萜。其母环 2 位上有醚键，3 位上有烯键，C1 位可能连接有羟基、甲氧基或酮基，但 C1 位羟基不稳定，常与糖结合成环烯醚萜苷类而存在。

1. 紫外分光光度法

紫外分光光度法对于有紫外吸收的萜类化合物，可直接测定。环烯醚萜苷的 3 位上有双键，4 位上通常有羧基或酯键，分子中有 α、β 不饱和酸、酯的结构，在紫外光区有较强的特征吸收。没有紫外吸收的萜类，可加入适当的显色剂反应再测定。

2. 气相色谱法

低级萜类多为易挥发成分，采用气相色谱法具有较好的分离效率和灵敏度。单萜类成分的沸点往往很接近，用极性固定相分离效果较好。倍半萜以及含氧的萜类衍生物（含醇、酮、酯及酚类成分等），也以极性固定相分离较好。对于仅含碳、氢元素的单萜和倍单萜类成分，基本上采用氢焰离子化检测器。此外，也可采用气相色谱 - 质谱、气相色谱 - 红外光谱联用进行分析。

3. 薄层色谱法

薄层色谱法测定萜类含量，优点在于设备简单、操作方便，但没有气相色谱法有效、快速。吸附剂常用硅胶、氧化铝。展开剂可用正己烷、石油醚分离弱极性成分，极性大的成分可加乙酸乙酯。显色剂包括10%硫酸乙醇溶液、0.5%香草醛硫酸乙醇溶液、5%对 - 二甲氨基苯甲醛乙醇溶液、5%茴香醛 - 浓硫酸试剂等。含量测定可用薄层扫描法和斑点面积法等。

4. 高效液相色谱法

由于大多数三萜皂苷类成分无明显的紫外吸收或仅在 200 nm 附近有末端吸收，采用高效液相色谱蒸发光散射检测器有较好的效果。有紫外吸收的环烯醚萜苷类成分，可选择紫外检测器，用反相高效液相色谱法测定含量。

七、皂苷类化合物含量的分析

皂苷（saponins）是广泛存在于植物界的一类特殊的苷类，其水溶液经振摇后可产生持久性的泡沫，类似肥皂而得名。皂苷由皂苷元和糖、糖醛酸或其他有机酸组成。根据其苷元结构，可分为甾体皂苷和三萜皂苷两大类。甾体皂苷的苷元基本骨架为含27 个碳原子的螺旋甾烷或其异构体异螺旋甾烷，多以单糖链苷形式存在，极性较大。三萜皂苷由 6 个异戊二烯以头尾相接或尾尾相接而成。由于其分子结构中常连有羧基，故多为酸性皂苷。

1. 紫外 - 可见光分光光度法

皂苷类成分与强氧化性的强酸试剂(如浓硫酸、高氯酸、醋酐-硫酸或硫酸-冰醋酸、芳香醛 - 硫酸等) 会发生氧化、脱水、脱羧、缩合等反应，生成具有多烯结构的缩合物而呈色，可在紫外 - 可见光区进行比色测定。这种测定方法一般用于测定样品中总皂苷或总皂苷的含量。

2. 薄层色谱法

皂苷大多无紫外吸收，可经薄层色谱分离后，用适当的显色剂显色，再进行定量分析。薄层色谱法是皂苷类成分定性、定量分析最常用的方法。其中，吸附剂常用硅胶和氧化铝，有时为了分离的需要加入一定的硝酸银。显色剂常用三氯醋酸、氯磺酸 - 醋酸、浓硫酸或 50% 及 20% 硫酸、三氯化锑、磷钼酸、浓硫酸 - 醋酸酐、碘蒸气等。极性较大的皂苷，一般用分配薄层效果较好。皂苷元极性较小，用吸附薄层或分配薄层均可，具体方法包括薄层扫描法和薄层 - 比色法。

3. 高效液相色谱法

利用高效液相色谱法测定皂苷类成分的关键在于测定波长和流动相的选择。流动相常用的有乙腈 - 水和甲醇 - 水系统。对于有较强紫外吸收的皂苷，可用紫外检测器检测。多数皂苷在紫外区无明显吸收，可采用蒸发光散射检测器（ELSD）进行检测，其优点在于灵敏度高、基线稳定、稳定性好和应用范围广泛，但要注意流动相中不挥发物质对检测的干扰。蒸发光散射检测器通常不允许使用含不挥发盐组分的流动相。

八、香豆素类化合物含量的分析

香豆素类（coumarins）成分是一类具有苯骈 α - 吡喃酮母核的天然成分的总称，常以游离状态或与糖结合成苷的形式存在。由于其苯骈 α - 吡喃酮共轭结构的存在，香豆素类化合物在紫外光区有较强的特征吸收，结构中的酚羟基、内酯键等有特殊的显色反应。

1. 荧光分光光度法

香豆素类化合物在紫外光的照射下显蓝色荧光，且因其环上所带取代基的不同及取代位置的不同，荧光的颜色也明显不同，因此可用荧光分光光度法进行定量分析。其优点在于灵敏度高，选择性高，方便快捷，重现性好，取样容易，样品需要量少。当样品中干扰成分过多时，可先利用薄层色谱进行分离。

2. 紫外 - 可见光分光光度法

香豆素类成分都具有紫外吸收，当样品较纯净时，可直接进行比色测定；也可通过显色反应显色后，在可见光区域进行比色。如异羟肟酸铁、4- 氨基安替比林或氨基比林、三氯化铁、三氯化铁 - 铁氰化钾、磷钼酸、磷钨酸等，都可与香豆素类成分发生显色反应。当干扰成分较多时，可先用薄层色谱分离，在紫外灯下定位找出相关香豆素类成分，将其斑点完全刮下，再用溶剂洗脱后加入显色剂显色、比色测定。

3. 薄层扫描法

薄层扫描法是香豆素类成分常用的测定方法之一，其优点是方法简便、准确。既可将样品经薄层色谱分离后，喷洒显色剂显色后扫描；也可利用香豆素的荧光特性，在紫外灯下定位后直接扫描。

4. 高效液相色谱法

HPLC 测定香豆素类成分，常用 C18 固定相，流动相为不同比例的甲醇 - 水。对于极性小的香豆素类，可用正相色谱或反相色谱；对于香豆素苷类，一般用反相色谱。检测器常选择紫外检测器。

5. 气相色谱法

一些相对分子质量小的香豆素类成分具有挥发性，可利用气相色谱法进行含量测定，可用 SE-30 石英毛细管柱、FID 检测器。

第二节　生物活性的评价

生物活性的评价方法有很多，随着科技的不断发展，评价方法也在不断改进，各种新技术的出现极大地提高了研究的效率。生物活性的评价通常有体外实验、动物实验和人体实验三个阶段。体外实验一般用于生物活性的初步筛选，包括分子水平、细胞水平和组织器官水平等评价方法。然后通过动物实验和人体实验阶段，才可能真正应用到保健食品或者药品中。在动物实验和人体实验中，由于个体差异，为了获得准确、可靠的结果，在试验设计中必须遵循随机、对照、重复三个基本原则，严格控制各种影响因素，确保实验结果的准确性和客观性。

一、抗氧化活性的检测

除厌氧生物以外，所有的动植物都需要氧。氧不仅会影响细胞的分化和个体的发育，而且能促进生命的进化。同时，人体在对氧的利用过程中，会因各种内因性或外因性原因，而产生各种活性氧和自由基（free radical），它们与机体的衰老和某些疾病的病理过程密切相关。

自由基是指能独立存在的、含有一个或一个以上不配对电子的任何原子或原子团。活性氧是指氧的某些代谢产物和一些反应的含氧产物，其化学性质比氧（基态氧）更为活泼，包括氧自由基和非自由基的含氧物。机体自由基的种类有很多，主要包括氧自由基（超氧阴离子、羟自由基、氢过氧基、烷氧基、烷过氧基）、非氧自由基（氢自由基、有机自由基）和氮自由基（氧化氮、二氧化氮）等。同时，机体内也有一个完整的抗氧化防御体系，通过体内各种抗氧化酶（如超氧化物歧化酶 SOD、谷胱甘肽过氧化物酶 GPx、过氧化氢酶 CAT 等）和非酶抗氧化剂（如抗坏血酸、维生素 E、辅酶 Q 等），分别在预防、阻断和修复等不同水平上进行防御。正常情况下，机体内的自由基总是处于不断产生和消除的动态平衡中。但是，当自由基产生过多或清除过少时，便会造成对组织的伤害。人身体中各组织器官损伤、病变的一个重要原因就是各种氧自由基所引发的氧化作用。现已证实，氧化作用与动脉硬化、心脏病、肿瘤、肾病、肝病、糖尿病、白内障以及衰老等百余种疾病的发生和发展密切相关。因此，抗氧化活性成分的开发与应用成为食品、医药领域的一个研究热点。

对生物活性成分的抗氧化能力测定方法有很多，包括直接的、间接的以及简便的试剂盒检测方法等。这些方法的测定原理各不相同，都有各自的优缺点和局限性。因此，为得到确切、满意的评价结果，需要用多种方法进行测定。

1. 自由基清除能力的测定

通过直接测定抗氧化剂对反应体系所产生自由基的清除情况，了解其抗氧化的能力。对于发色性自由基（如 DPPH、ABTS/ 正肌铁红蛋白 /H_2O_2、ABTS/ABAP、ABTS/ 过氧化物酶），可以直接通过分光光度法来测定。由于一些自由基可通过氧化反应使反应体系产生颜色变化，故通过测定抗氧化剂对反应体系吸光度的影响，就能知道自由基被清除的情况，如脱氧核糖 - 铁体系法测定羟自由基清除率实验。某些荧光试剂会被自由基氧化而消光，可通过测定其荧光的变化来了解自由基的清除率，如荧光素 /AAPH 法、荧光素 / 辅酶（Ⅱ）法、β - 藻红蛋白法等都是利用这个原理。

2. 脂质过氧化反应的测定

氧自由基可以攻击生物膜磷脂中的多不饱和脂肪酸而引发脂质过氧化，从而导致细胞损伤。同时在氧的参与下，脂质过氧化反应所产生的脂氢过氧化物易分解生成一系列复杂产物，其中某些分解产物还能引起细胞代谢和功能障碍。通过分析抗氧化剂影响脂质过氧化反应的情况，便能了解其抗氧化活性的大小。采用氧电极测定氧的消耗量或通过检测脂质过氧化反应产物（如醛、脂氢过氧化物、共轭二烯等）量的变化，都可以分析脂质过氧化反应的情况。

3. 细胞氧化损伤的检测

自由基可以攻击细胞组织中的脂质、蛋白质、糖类和 DNA 等物质，引起脂质和糖类的氧化、蛋白质的变性、酶的失活、DNA 结构的切断或碱基变化等，从而导致细胞膜、遗传因子等的损伤。通过 ABAP、AMVN 等自由基引发剂引发细胞氧化损伤，分析抗氧化剂对细胞的保护作用，了解其抗氧化能力，具体包括：通过 MTT 比色法检测细胞活力，通过二苯胺法、荧光分光光度法或 Comet 法分析 DNA 损伤断裂的情况，通过差示扫描量热法、X 射线衍射、电子自旋共振（ESR）、核磁共振及荧光偏振等方法从不同角度分析细胞膜流动性等。

4. 其他体外检测方法

铁过载能够增加活性氧的毒性，加速自由基反应，造成细胞氧化应激损伤。测定抗氧化剂螯合铁离子的能力，可从另一个方面反映其抗氧化活性。此外，还可测定抗氧化剂的还原能力，如 FRAP 法检测还原 Fe^{3+} 能力等。

5. 食品抗氧化功能的检测

根据卫生部《保健食品检验与评价技术规范》（2003）的规定，检验保健食品抗氧化功能需要进行动物实验和人体试食实验，检测项目包括过氧化脂质（丙二醛或脂褐质）含量和抗氧化酶（SOD、GPx）活性。过氧化脂质含量减少、抗氧化酶活性提高都说明其具有抗氧化功能。

二、对微生物菌群的影响

生物活性成分对微生物菌群的影响，包括对有害菌的抑制作用和对有益菌的促进繁殖作用。根据不同的实验设计原理，分为稀释法、比浊法和琼脂扩散法。表5-1为上述三类方法的对比。琼脂扩散法包括垂直扩散法（直线扩散）和平面扩散法（点滴法、纸片法、管碟法）。其中，管碟法是《国际药典》中抗生素药品鉴定的经典方法，也是《中华人民共和国药典》中记载的方法。其原理是，利用抗生素在摊布特定试验菌的固体培养基内呈球面形扩散，形成含有一定浓度抗生素球形区，抑制了试验菌的繁殖而呈现出透明的抑菌圈。

表5-1　稀释法、比浊法和琼脂扩散法的比较

实验方法	稀释法	比浊法	琼脂扩散法
实验依据	等量的试验菌菌液在不同浓度样品的液体培养基中的生长情况		不同浓度样品溶液在含有试验菌固体培养基中的扩散情况
评判标准	液体培养基中有无细菌的生长	光度法测定液体培养基的浊度	固体培养基表面抑菌圈的大小
目的	最低抑菌浓度（MIC）的测定	抑菌效力的测定	

根据卫生部《保健食品检验与评价技术规范》（2003）的规定，保健食品调节肠道菌群功能的检验，需要进行动物实验和人体试食实验，比较实验前后其粪便菌群的变化情况。具体检测方法是：取定量粪便以10倍系列稀释，选择合适的稀释度分别接种于各培养基上，然后以菌落形态、革兰氏染色镜检、生化反应等鉴定计数菌落，分别计算双歧杆菌、乳杆菌或其他益生菌及肠球菌、肠杆菌、拟杆菌、产气荚膜梭菌等有害菌群的数量。

三、抗肿瘤活性的检测

检测抗肿瘤活性的最常用的一种方法便是体外细胞培养法，通过体外培养肿瘤细胞，来检测受试样品对肿瘤细胞的影响情况。采用的细胞通常用人体肿瘤细胞和动物肿瘤细胞，培养方法包括单层细胞培养、琼脂平板培养、细胞集落培养、组织块培养、器官培养和悬浮培养等，检测指标有细胞形态、分裂相计数、脱氢酶活性、细胞染色、呼吸测定、荧光显微镜下染色反应、核酸蛋白质等生化测定以及同位素技术等。体外抗肿瘤活性实验一般选用人癌细胞株，按常规细胞培养法进行培养，通过四氮唑蓝还原法（MTT法）、磺酰罗丹明B染色法或集落形成法等来进行检测。

移植性肿瘤整体动物实验法是评价一个化合物是否具有有效的抗肿瘤活性的最主要方法之一。把人的肿瘤细胞移植到合适的宿主体内，建立一个移植宿主的体内模型，

通过该模型对受试样品的抗肿瘤效果进行观察。具体评判指标包括肿瘤的质量、体积或直径及动物的存活时间等。

四、降血糖活性的检测

《保健食品检验与评价技术规范》（2003）规定，保健食品辅助降血糖功能的检验包括动物实验和人体试食实验。以四氧嘧啶(或链脲霉素)诱导建立高血糖动物模型，进行降空腹血糖实验和糖耐量实验。人体试食实验以 I 型糖尿病病人为对象，检测受试样品对志愿者空腹血糖、餐后 2h 血糖和尿糖的影响，以及临床症状的变化情况。

可以从细胞水平和分子水平上对化合物的降血糖活性进行检测和筛选。细胞水平降血糖活性成分检测方法包括脂肪细胞、骨骼肌细胞葡萄糖消耗及葡萄糖转运实验，HepG2 细胞葡萄糖消耗实验，胰岛 β 细胞 - 促胰岛素分泌实验等。分子水平降血糖活性成分检测方法包括 α - 糖苷酶抑制活性、蛋白酪氨酸磷酸酶 -1B（PTP-1 B）抑制活性、二肽基肽酶Ⅳ（DPPIV）抑制活性以及醛糖还原酶抑制活性的测定等。

五、降血脂活性的检测

保健食品辅助降血脂功能的检验包括动物实验和人体试食实验。以高脂饲料饲喂大鼠建立脂代谢紊乱模型，检测受试样品对实验动物的血清总胆固醇（TC）、甘油三酯（TG）、高密度脂蛋白胆固醇（HDL-C）水平的影响。人体试食实验以单纯高血脂患者为实验对象，采用自身和组间两种对照设计，检测血清 TC、TG 和 HDL-C 的变化情况。

此外，降血脂活性的筛选和评价指标还包括载脂蛋白（apolipoprotein，APO）含量、低密度脂蛋白受体活性、脂质过氧化物 LPO 含量及血液黏度等。

六、降血压活性的检测

保健食品辅助降血压功能的检验包括动物实验和人体试食实验。以受试样品给予遗传型高血压动物或通过实验方法造成的高血压动物模型，检测血压、心率等指标的变化情况，评价受试样品的降血压作用。人体试食实验以原发性高血压患者为受试对象，采用自身和组间两种对照设计，检测受试样品对志愿者舒张压和收缩压的影响情况。

实验性高血压模型有很多种，包括遗传性高血压模型、神经源性高血压模型、肾动脉狭窄性高血压模型、易卒中型肾血管性高血压模型、妊高征模型等。降血压活性的筛选和评价指标还包括血浆降钙素基因相关肽（CGRP）含量、内皮素（ET）含量、心钠素（简帅）含量、血管紧张素Ⅱ含量、醛固醇含量、β - 肾上腺素能受体含量以及丝裂原活化蛋白激酶活性等。

七、其他生物活性的检测

除上述保健功能之外，卫生部《保健食品检验与评价技术规范》（2003）还规定了其他22项保健功能的检验、评价方法，包括增强免疫力功能、辅助改善记忆功能、缓解视疲劳功能、促进排铅功能、清咽功能、改善睡眠功能、促进泌乳功能、缓解体力疲劳功能、提高缺氧耐受力功能、对辐射危害有辅助保护功能、减肥功能、改善生长发育功能、增加骨密度功能、改善营养性贫血功能、对化学性肝损伤有辅助保护功能、祛痤疮功能、祛黄褐斑功能、改善皮肤水分功能、改善皮肤油分功能、促进消化功能、通便功能及对胃黏膜损伤有辅助保护功能等，经动物实验和人体试食实验证实有效之后，方可认为具有该项保健功能。

第六章　食品卫生基础知识

"民以食为天，食以安为先。"食物是人体所需营养素和能量的良好载体，是维持人体健康，满足人体发育和各项生理活动的基本保障。在食品的 3 个基本要素中，营养是目的，良好的口味和口感是条件，而食用的安全性是根本前提。食品中一旦存在有害因素，将会危害人体健康。因此，加强食品卫生管理，严控食品质量，确保食品安全，是保障群众健康的重要举措。

食品卫生学是研究食品的卫生质量，防止食品中出现有害因素影响人体健康的科学。《食品工业基本术语》中将"食品卫生"定义为"为防止食品在生产、收获、加工、运输、贮藏、销售等各个环节被有害物质（包括物理、化学、微生物等方面）污染，使食品有益于人体健康、质地优良所采取的各项措施"。

近年来，我国经济迅猛发展，人们的收入水平和生活质量显著提高，这推动了食品行业的快速发展。但仍存在苏丹红工业添加剂事件、三聚氰胺事件、瘦肉精事件等重大食品安全事件，严重威胁着广大人民群众的身体健康。加强食品安全教育，提高人们的食品安全意识，创造一个放心的食品安全市场，既关系着人们的身体健康和生命安全，又关系着国家的发展和社会的长治久安。

本章主要介绍食品卫生基础知识，阐述食品污染、食品腐败变质、食物中毒的原因及预防措施，介绍一些常见的食品添加剂。

第一节　食品污染

食物是保障人类生命和健康的基本要素之一，食品中一般不存在有毒有害的物质。但是，食品在生产（种植、养殖）、加工、运输、贮存、销售、烹调等各个环节中，由于环境或人为因素，可能使食品残留、混入或产生各种危害人体健康的有毒有害物质，导致食品的营养价值和卫生质量降低，这就是食品污染。

食品污染物的来源十分广泛，主要包括工业三废，农药兽药，食品添加剂，食品包装材料与容器中的有害物质，真菌、细菌等微生物，寄生虫、昆虫及虫卵，以及食品加工过程中产生的有害物质等。

一、食品污染的分类

根据食品污染物来源和性质的不同，食品污染通常分为三类，即生物性污染、化学性污染、物理性污染。

（一）生物性污染

生物性污染主要包括微生物、寄生虫、昆虫及虫卵等对食品的污染。

1. 微生物污染

微生物是指体型微小、结构简单、肉眼看不到，需要借助显微镜放大后才可以观察到的微小生物，具有分布广泛、增殖迅速等特点。虽然自然界中大部分微生物都是不致病的，甚至对人类是有益的，被广泛用于医药卫生、食品工业、发酵工程、污水处理、石油化工等领域，如常见的酿酒制醋，以及腐乳、豆豉、酸奶等都离不开微生物发酵。但是，自然界中也存在少量能直接导致动植物疾病的病原微生物，如痢疾杆菌、肉毒杆菌、副溶血性弧菌、结核杆菌等，以及在特定条件下能引起动植物疾病的条件致病菌，如葡萄球菌、绿脓杆菌等。病原微生物和条件致病菌接触食物后大量繁殖，会影响食物的卫生质量。

微生物污染主要包括细菌及细菌毒素、霉菌及霉菌毒素。细菌和霉菌污染食品后，在适宜的温度、湿度、pH 值等环境条件下大量增殖，将使食品感官性状恶化，腐烂、霉变，散发恶臭，从而降低食品的营养价值或丧失食用价值。某些细菌和霉菌在生长繁殖的过程中，还会产生毒素，即使食品在食用前经过高温灭菌，食品中残留的毒素仍有可能危及人体健康。

2. 寄生虫及虫卵污染

寄生虫是一类不能独立存活，需要寄生于特定宿主，利用宿主营养才能生长繁殖的一类微小软体动物。一些常见的动植物食品常常是寄生虫的中间宿主，或在表面吸附有寄生虫卵或囊蚴。如淡水鱼、虾、蟹、螺体内的肝吸虫、肺吸虫，"米猪肉"中的绦虫，荸荠、茭白、红菱等水生植物中吸附的姜片虫等。

常见的污染食品的寄生虫有绦虫、蛔虫、囊虫、姜片虫及旋毛虫等。寄生虫及虫卵主要通过病人、病畜的粪便污染水源或土壤，进而污染食品。若在食用前未全部将其杀灭，将严重危害人体健康。如食用未煮熟的猪肉或牛肉，可能患绦虫病或囊虫病；食用未煮熟的淡水鱼、虾、蟹等可能感染肝吸虫、肺吸虫；蔬菜瓜果等易传播蛔虫；水生植物（如茭白、菱）易传播姜片虫。

3. 鼠类和昆虫污染

鼠类不仅直接盗食食物，还携带有细菌、寄生虫和蜱、螨、蚤等病原体及媒介昆虫，在四处活动中污染食品。

污染食品的昆虫主要是螨、蛾、甲虫和蟑螂，以及蝇、蛆等。螨类昆虫在食物中滋生时，不仅会加速食物的发霉和变质，使粉类食物结成块状、种子发芽率降低，还会使人类患病。蟑螂除粪便和虫卵污染食物、餐具或储藏设备外，还能分泌一种有特殊臭味的油状液质，传播某些疾病。蝇常滋生于粪便、垃圾、腐烂的植物和动物尸体中，有进食时呕吐和边吃边排便的习性，很容易将污物和病菌带到食物上，成为病原的携带者与传播者。

当食品贮存条件差，缺少防鼠防蝇防虫设备时，食品很容易受到鼠类和昆虫的破坏，并被污物和病菌污染，导致食品感官性质恶化，营养价值降低，甚至完全失去食用价值。

（二）化学性污染

化学性污染涉及范围极广，具有污染物性质稳定、污染途径复杂多样、不易控制、污染物蓄积性强、受污染食品外观无明显变化等特点。污染物通过食物链的生物富集作用可在人体内达到较高浓度，对人体健康造成多方面的危害。化学性污染一般有以下几种来源：

1. 工业三废

随着经济和工业的发展，大量的工业"三废"（废水、废气、废渣）携带着各种金属和非金属毒物，如铅、汞、镉、砷、硫等元素的化合物，被排放到自然环境中，污染空气、土壤和水源，并随着食物链在生物体内不断富集，食品中含有的污染物比环境中的浓度高数百至数万倍。

2. 农药和兽药

农药是指在农业生产中，人们为保障、促进植物和农作物的成长，施用的杀虫、杀菌、杀灭有害动物（或杂草）类药物的统称，1761 年农药首次运用于农业生产，大量使用的农药现有百余种。农药按化学成分分为有机磷类、有机氯类、有机氮类、有机砷类等；按用途分为除草剂、杀虫剂、杀菌剂、植物生长调节剂、粮仓用熏蒸剂、灭鼠药等；按毒性可分为高毒、中等毒、低毒三类；按药效分为高效、中效和低效三类；按在植物体内残留时长可分为高残留、中残留和低残留三类。

兽药是指用于预防、治疗、诊断动物疾病或者有目的地调节动物生理机能的物质（含药物饲料添加剂）。主要包括抗微生物药物（如抗生素类、呋喃类、磺胺类）、抗寄生虫类药物和激素类药物等。

不按照规定用药，如用药品种、剂量不当，次数过多，不遵守休药期规定，使用违禁或淘汰的药物等，以及土壤中残留的一些早已被禁用的高残留农药，都可通过生物富集作用损伤人体。储存过农药或兽药的容器、车辆，若未充分冲洗干净就用来盛放、运输食品或饲料，也会偶尔发生事故性污染。

3. 食品添加剂

食品添加剂是为改善食品色、香、味等品质，以及因防腐和加工工艺的需要而加入食品中的人工合成物质或者天然物质。目前我国食品添加剂有 23 个类别、2000 多个品种，包括酸度调节剂、抗结剂、消泡剂、抗氧化剂、漂白剂、膨松剂、着色剂、护色剂、酶制剂、增味剂、营养强化剂、防腐剂、甜味剂、增稠剂、香料等。

由于能改善食品品质，产生较好的经济效益和社会效益，随着食品工业的发展，食品添加剂的种类和数量不断增加，使用范围不断扩大，被誉为现代食品工业的灵魂。但是，食品添加剂大多数为人工合成的化学物质，有的可能带有一定的潜在毒性，滥用食品添加剂或采用不符合国家卫生标准的食品添加剂，均可使有害物质进入食品。此外，诸如三聚氰胺、苏丹红、瘦肉精等一些非法食品添加物也成了食品污染的一大来源。

4. 食品包装材料与容器中的有害物质

随着化学合成工业的迅速发展，食品包装材料和容器的种类不断扩展。除了传统的竹、木、玻璃和不锈钢等材料对人体较为安全，塑料、橡胶、包装纸、陶瓷等食品包装材料和容器，以及相关涂料、油墨等，制作时使用的原料及辅料，如果质量不良或存在毒性，或成品含有不稳定的有害物质，就有可能在接触食品时把有害物质转移到食品中。如陶瓷、搪瓷、马口铁等可能造成金属盐或金属氧化物的污染；塑料等高分子化合物中未参与聚合的游离单体及裂解物可转移到食品中；包装蜡纸中石蜡所含的 3，4- 苯并芘、彩色油墨纸张中含有的多氯联苯等，均会污染食品。

5. 天然存在于食物中的有毒有害物质

近年来，纯天然食品以不添加任何人工化学物质、无污染、不含激素而受到人们青睐，但纯天然食物并不意味着安全。有些食物中含有的天然成分也具有毒性，如河豚鱼所含的河豚毒素、菜籽油中的芥酸、四季豆中的植物凝血素、木薯和果仁中的氰苷等。有些食物含有的天然成分进入人体后转变成有毒物质，如新鲜黄花菜中无毒的秋水仙碱，在进入人体后会被氧化成有毒的二秋水仙碱。也有些食物会因为贮存不当产生有毒物质污染食物，如表皮变绿或者发芽的土豆，其龙葵素的含量会大幅度增加。如果在烹饪加工过程中没有去掉天然存在于食物中的有毒有害物质，或未完全除去，则可能带来安全风险。

6. 食品加工过程中混入的有害物质

食品在烹调加工过程中，常常因为不合理的加工方式，生成有害物质。如高温油炸或焙烤时，淀粉类食品可产生具有致癌性的丙烯酰胺；肉类、豆制品等富含蛋白质的食物，受到高温作用可产生杂环胺类化合物；油脂在高温下发生裂解与热聚，尤其直接与炭火接触时，可产生多环芳烃化合物；肉类加工制品可能导致 N- 亚硝基化物等致癌物质污染；利用盐酸水解植物蛋白加工而成的酱油、蚝油等调味汁中，可能含有氯丙醇类化合物；食物中的羰基化合物与蛋白质或氨基酸的氨基发生美拉德反应，生成的部分棕褐色产物有慢性毒性和致突变性。

（三）物理性污染

物理性污染主要包括异杂物污染和放射性污染两类。

1. 异杂物污染

食品在生产、储存、运输、销售过程中，都有可能因异杂物意外混入或因掺杂掺假被污染。异杂物意外混入食品比较常见，如粮食在收割时混入杂草茎叶和种子、碎石块；设备掉落的金属碎屑；动物在宰杀时混入血污、毛发、鳞片和粪便；食品储存过程中混入昆虫尸体和老鼠毛发；食品运输过程中混入车辆或装运工具中的异物，以及食品销售各环节中意外混入首饰、头发、指甲、烟头等个人物品等。

食品掺杂掺假是指行为人以谋取利润为目的，故意在产品中掺入杂质或者作假，进行欺骗性商业活动，使产品中有关物质的含量不符合国家有关法律、法规、标准或合同规定的一种违法行为，是一种人为故意向食品中加入杂物的过程。掺杂掺假涉及的食品种类繁多，掺入的杂质或其他物质，都是无价值或低价值的，如牛奶中加入米汤、猪肉中注水、橄榄油中加入葵花籽油、蜂蜜中掺入糖浆等。

2. 放射性污染

放射性物质是指能自动发生衰变，并辐射出人眼看不见的射线的元素，分为天然放射性物质和人工放射性物质。在特殊环境下，放射性物质可因动物或植物富集而污染食品。放射性污染很难消除，射线强弱只能随时间的推移而减弱。

天然辐射源是人类能接触到的最大辐射源，主要来自宇宙射线和地壳中的天然放射性核素，天然食品中也都有微量的放射性物质，在自然状态下，天然放射性物质一般不会给生物带来危害。

人工辐射源主要来自人类医药卫生、工农业生产、国防、能源等方面，如 X 射线等医疗辐射，放射性物质的开采、冶炼、生产，以及核爆炸、核废物排放和核工业意外事故等。环境中存在的人工放射性核素可通过食物链的各个环节污染食品，危害人体健康。

二、食品污染对人体健康的影响

食品被污染后，不仅影响食品的感官性状，降低营养成分含量和食用价值，还会危害人体健康。污染物的性质、含量、作用部位和作用时间不同，对人体的危害也不相同，常见的有寄生虫病或传染病、食物中毒、慢性中毒、致畸、致突变、致癌等。

寄生虫病或传染病：食品受寄生虫或病原微生物污染可使人患某些寄生虫病或传染病。如我国的两广地区喜食生鱼，传统的生鱼多是淡水鱼，当地群众肝吸虫病高发；福建、台湾等地的居民喜食醉虾醉蟹，容易感染肺吸虫；痢疾杆菌、霍乱弧菌等污染食物则引发相应的传染病。

食物中毒：健康人经口摄入正常数量的含有有毒有害物质的食品所引起的急性或亚急性非传染性疾病，最常见的症状是恶心、呕吐、腹痛、腹泻等胃肠道反应。如夏季不洁的凉拌类菜肴，没有煮熟的四季豆、豆浆，发芽的土豆，以及一些农药污染等都容易引发食物中毒。

慢性中毒：长期接触或反复摄入含有小剂量有毒有害物质污染的食品所引起的机体损伤或病变。有毒金属镉、汞等化合物在体内通常代谢缓慢，反复小剂量摄入时，虽不引起急性中毒，却可以在体内蓄积，引起机体慢性的病理改变。如日本痛痛病是食用含镉污水污染了的稻米、鱼虾引起的，日本水俣病则是食用受汞污染水体中的鱼而引起的。

致畸作用：食品中的一些污染物，如甲基汞等，能通过母体作用于胚胎，引起胚胎异常，导致胎儿畸形、死胎或胚胎发育迟缓。

致突变作用：食品中的一些污染物，如亚硝胺类、苯并（a）芘、甲醛、苯、砷、铅等，能诱导生物细胞遗传物质的结构发生突发的、不可逆的改变，并在细胞分裂过程中遗传给子代细胞。

致癌作用：食品中的一些污染物，如黄曲霉毒素、亚硝胺、二噁英等，能诱发恶性肿瘤。

致畸作用直接危害下一代的正常发育与健康，而致突变、致癌作用的潜伏期长，人们在短期内不容易察觉，潜在的危害大，人体吸收后不可逆转，这也是如今癌症发病率高的原因之一。

三、食品污染的预防措施

预防食品污染，不断提高食品的卫生质量，需要多措并举。

①严格执行国家颁布的食品安全方面的法律法规，加大对食品生产（种植、养殖）、加工、运输、储存、销售、烹调等各个环节的监督检查和处罚力度，杜绝未经检验检疫的食品流入市场。

②加强对食品行业从业人员的食品安全知识培训，宣传食品污染的危害，提高其预防食品污染的意识和能力。

③采用高效、低毒、低残留的化学农药或其他生物防治方法，减少农药对环境、

食品的污染和在生物体内的富集。在食品烹调加工过程中，采用洗涤（浸泡）、去皮（壳）、控制烹调工艺等方法减少食品中的农药残留。

④践行"绿水青山就是金山银山"的环保理念，加强对工业废弃物和居民生活污染物排放的治理，减少对环境和食品的污染。

⑤加强对食品包装材料和容器的卫生管理，研发新型无毒或低毒包装材料。

⑥严格控制食品添加剂的生产、管理和使用，杜绝非法添加物进入食品。

⑦加强食品储存期间的卫生管理，做好防尘、防虫、防鼠等工作，避免食品污染或霉变变质。

⑧改进烹调设备和工艺，降低食品被污染的概率。如烘烤时避免食物离火太近；熏制食物时利用熏烟净化装置去除烟中的多环芳烃；制作香肠、火腿、腊肉等肉类制品时，若添加亚硝酸盐作为发色剂和防腐剂，则同时添加适量维生素 C 用于阻断强致癌物亚硝胺的形成。

第二节　食品腐败变质

食品腐败变质是指食品在一定环境因素影响下，由于自身酶和微生物的共同作用，导致食物营养成分和感官性质发生改变，从而降低食品卫生质量，甚至丧失食用价值的现象。例如，肉类的腐败、粮食的霉变、水果蔬菜的腐烂、油脂的酸败等，都是日常生活中常见的食品腐败变质现象。

一、食品腐败变质的原因

食品腐败变质通常是食品自身组成和性质、微生物、环境因素三者之间综合作用的结果。

（一）食品自身

食品自身的组成和性质是食品腐败变质的内因。

动植物食品本身含有丰富的营养素、水分（干货类原料除外）和各种酶，在适宜的环境条件（温度、湿度、pH 值等）下，食品自身酶活性增强，促使食品组织内的胶体结构或营养成分被破坏或改变。如动物宰杀后的尸僵阶段，就是因为食品自身酶分解肌糖原产生乳酸形成酸性环境，进而导致肌肉纤维硬化；植物收割后的自然陈化过程，就是因为自身酶分解营养物质。同时，食品中含有的一些不饱和脂肪酸、芳香物质、色素等不稳定物质，在阳光和空气中也极易氧化，引起食品色、香、味、形和营养成分的改变，如鲜奶凝固、水果褐变、油脂酸败等。另外，动植物组织或细胞碎裂，也为微生物的侵入与作用提供了条件，从而加速了食品的腐败变质。

（二）微生物

微生物的生长繁殖是食品腐败变质的主要原因。

食品中含有丰富的营养素和水分，微生物通过水源、土壤、空气、用具、器皿、昆虫和人与食品接触后，在适宜的环境条件（如温度 20 ℃左右，pH 值 5.8 ~ 7.0，食品中水分含量较高）下，在食品中大量繁殖，从而导致食品腐败变质。一般情况下，微生物在动物性食物中比在植物性食物中更容易繁殖。由于食品的化学成分不同，引起腐败变质的微生物也不一样。一般以非致病性细菌为主，还有少量的肠道致病菌，霉菌次之，酵母菌又次之。如引起肉类等动物性食物腐败变质产生恶臭或异味的，大多数为能分解蛋白质和脂肪的细菌；引起蔬菜水果腐烂，粮食、花生、辣椒等食物变质的，大多数为霉菌；含碳水化合物较多的食品，容易滋生酵母菌。

（三）环境因素

环境因素是食品腐败变质的外因。

环境因素主要包括温度、湿度、阳光（紫外线）、空气（氧气）、渗透压、pH 值等。环境因素主要通过影响食品自身酶的活性及微生物的生命活动，从而引起食品的腐败变质。

二、食品腐败变质的变化

食品腐败变质的变化过程非常复杂，是以食品中蛋白质、糖类、脂肪等营养素为主的分解过程，常因食品种类、微生物种类和数量及环境因素的影响而异。

①食品中蛋白质受食品自身酶以及微生物酶的作用，分解成胨、胨、肽，再经过断链分解为氨基酸。在微生物酶作用下氨基酸通过脱羧基、脱氨基、脱硫作用，产生挥发性的、具有腐臭和毒性的胺类、硫化氢、硫醇、粪臭素等，并使食品的硬度和弹性下降，颜色异常。

②食品中脂肪在食品自身酶或微生物产生的降脂酶或阳光（紫外线）、空气（氧气）的作用下，分解为甘油和脂肪酸，脂肪酸继而氧化酸败，产生具有不良气味的酮类和特臭的醛类物质。酸败的特征之一是产生特有的"哈喇"味。

③食品中碳水化合物在微生物酶作用下分解为双糖、单糖后，继而氧化成有机酸、醇类、醛类、酮类等，使食品发出酸馊和令人恶心的气味。这一过程又称为糖酵解。

食品腐败变质的鉴定一般采用感官、物理、化学和微生物等四方面的指标。

三、食品腐败变质的危害

食品腐败变质的原因很复杂，危害也是多方面的。

①食品腐败变质使食品出现不良的感官性状变化。如腐败气味、异常颜色、组织溃烂和黏液污秽感。

②随着食品中蛋白质、脂肪、碳水化合物的分解，维生素被破坏，矿物质流失，食品的营养价值降低，甚至丧失食用价值。

③食品腐败变质产生的分解产物可能对人体有直接危害。如青皮红肉的鱼类腐败会引起组胺中毒，而且胺类物质还是强致癌物 N- 亚硝基化合物的前体。

④食品腐败变质增加了致病菌和产毒菌存在的概率，有可能引起食物中毒。

四、食品腐败变质的预防和控制措施

预防食品腐败变质，要从减弱或消除引起食品腐败变质的各种因素着手。

首先，要在食品的生产、加工、运输、贮存和销售等环节保持环境的清洁卫生，尽可能减少微生物污染食品的机会。其次，要控制环境因素，对食品采取抑菌或灭菌处理，抑制酶的活动，达到防止或延缓食品变质的目的。目前常用的预防和控制食品腐败变质的方法主要有低温贮藏法、高温贮藏法、干燥脱水法、酸渍法、盐腌法、糖渍法、化学防腐剂等。

（一）低温贮藏法

低温贮藏法是将原料利用低温环境贮藏，降低微生物的生长繁殖速度和食品内酶的活力，抑制食品内部组织和营养成分的变化过程，从而防止食品腐败变质。低温贮藏对食品质量影响较小，适用于大多数食品的贮藏。食品贮藏前应尽量新鲜，品质良好，且贮藏温度要随原料品种和贮藏要求而定，如蔬菜贮藏温度在 2 ℃ ~ 4 ℃。而肉类冷冻贮藏温度在 - 18 ℃左右。为了减少冷冻过程对食品品质的影响，应注意"急冻缓化"的原则。

低温贮藏的食品离开低温环境后，因温度重新升高，食品自身酶的活性恢复，微生物又开始生长繁殖，会导致食品成分与结构迅速发生变化，因此要及时食用。各种类型的冷藏设备，必须有可靠的温度、湿度控制装置，并定期清洁，防止制冷剂外溢污染食品。

（二）高温贮藏法

高温贮藏法是利用高温处理食品，杀死食物中绝大部分微生物，破坏食品中的酶类的活性，并结合密闭、真空、冷却等辅助手段，延长食品贮藏时间。高温灭菌效果取决于食物特点、加热方式、温度高低、加热时间，以及微生物种类等。不同的微生物，对高温的耐受力不同，绝大部分微生物在 60 ℃ 左右只能存活 30 min。

高温贮藏法常用的有高温灭菌法和巴氏消毒法。

高温灭菌法：温度一般在 100℃ ~ 120 ℃ 以上，对食品的营养素破坏较大，适用于罐头类食品的杀菌。高温灭菌的目的是杀灭一切微生物，获得无菌食物，而实际上只是接近无菌状态。

巴氏消毒法：起源于 19 世纪 60 年代法国生物学家路易斯·巴斯德解决酒类变酸问题的实践。目前，国际上通用的巴氏消毒法主要有两种。一种是加热到60℃ ~ 65 ℃，保持 30 min；另一种是加热到 75℃ ~ 90 ℃，保持 15 ~ 16s，两者杀菌效果相似。巴氏消毒法的特点是可以最大限度地减少加热对食物品质的影响，适用于牛乳、果汁、啤酒和酱油等液体食品的消毒。消毒后的食品应迅速降温，以减少营养素损失。巴氏消毒法虽能杀灭大部分繁殖型微生物，但不能达到完全灭菌的目的，可能有少数芽孢残留，所以应特别注意食品消毒后的包装和存放条件。

（三）干燥脱水贮藏法

食品干燥脱水贮藏是将食品中自由水含量降低到一定限度下，使酶的活性和微生物的生长繁殖受到抑制，从而防止食品腐败变质。适用于水果、蔬菜、鱼、肉、蛋、奶等食品，如果干、脱水蔬菜、干海参、肉松、蛋粉、奶粉等。经过脱水干燥的食品，更便于储存、运输与携带。但干制食品因水分大量脱去，会降低食品原有的营养价值和固有风味。干燥后的食品应储存在相对湿度70% 左右的环境中，或者采用密封等贮藏手段，以防止脱水后的食品重新受潮而腐败变质。

食品干燥脱水的方法有自然干燥法，如晒干、风干和阴干等；还有人工干燥法，如微波干燥、远红外线辐射和冷冻干燥等。自然干燥法的优点在于方法简单，易于操作，成本低廉；缺点在于需要有大面积晒场，干燥缓慢，常会受到气候条件的限制，容易遭受灰尘、杂质、昆虫等污染和鸟类、啮齿动物等的侵袭。人工干燥法的优点在于不受气候条件的限制，易于操作，干燥时间显著缩短，产品质量和产品得率也有所提高，缺点在于需要专用设备，干燥费用较大。

（四）酸渍法

各类微生物生长需要适宜的 pH 值范围，酸渍法是向食品中加入酸（多用醋酸），或利用乳酸菌和醋酸菌等分解食物中的碳水化合物产酸，使食品 pH 值降低。当 pH 值低于 4.5 时，能抑制绝大部分腐败菌和致病菌的生长，低 pH 值保持时间较长时，甚至能杀灭蔬菜中的致病菌和寄生虫卵，从而防止食品腐败变质，如酸渍黄瓜、萝卜、泡菜等。

（五）盐渍和糖渍贮藏法

盐渍和糖渍贮藏是利用盐水或糖液高渗透压的作用，使食品内所含水分析出，降低食品中的含氧量和酶的活性，造成微生物菌体原生质收缩、脱水，微生物活动停止或死亡，从而达到延长食物保质期的目的。一般盐渍浓度为10%，糖渍食品含糖量为60%～65%，但盐腌和糖渍只是一种抑菌手段，不能杀灭微生物，因此食品在贮藏过程中应注意防潮，若食品含水量增加，盐、糖的浓度就会降低，从而影响到保存效果。

（六）其他方法

防腐剂贮藏法：防腐剂可以抑制或杀灭食品中的微生物，从而防止食品腐败变质。常见的食品防腐剂有苯甲酸及其钠盐、山梨酸及其钾盐、对羟基苯甲酸酯类、丙酸盐类、双乙酸钠、硝酸盐和亚硝酸盐、二氧化碳、亚硫酸盐等。

电离辐射法：电离辐射法是利用放射性核素发射的 γ 射线或电子加速器产生的高能电子束穿透物品进行辐射灭菌的方法。在辐射过程中食品仅有轻微的升温，营养素损失少，故又被称为冷灭菌。

微波杀菌法：微波杀菌法是采用微波（频率为 300～300 000 MHz）照射产生的热能杀灭微生物和芽孢的方法，能穿透到介质和物料的深部，适用于加热含水量高及厚度或体积较大的食品，具有高效、节能、易操作等优点，能保留更多的营养成分和活性物质。

第三节　食物中毒

一、食物中毒的概念

食源性疾病指食品中致病因素进入人体引起的感染性、中毒性等疾病，包括食物中毒。

食物中毒指食用含有生物性、化学性等有毒有害物质的食物，或把有毒有害物质当作食品食用后出现的急性、亚急性非传染性疾病。

正确理解食物中毒的概念，对病人是否按食物中毒患者急救治疗和引起发病的食品是否按有毒食物进行处理具有重要意义。以下几种情况通常不属于食物中毒：摄取非可食状态的食物，摄取非正常数量食物，或食物非经口进入人体引起的疾病；特异体质摄入食物引发的变态反应性疾病；经食物感染的肠道传染病和寄生虫病等。

二、食物中毒的特点

虽然食物中毒的种类不同，但通常都具有一些共同特点。

（一）潜伏期短，集体暴发

在食用有毒食物后，人们往往在较短时间内同时或相继发病，呈现来势凶猛、集体暴发等特点。

（二）病症相似

中毒病人的症状因个体体质的强弱，以及有毒食物的进食数量多少而轻重不同。但其临床表现具有极大的相似性，常以胃肠道症状为主，如腹痛、腹泻、恶心、呕吐等。

（三）共同的饮食史

食物中毒的病人都进食了同一种食物，或是进食了在同一环境条件下加工的食物。

（四）非传染性

食物中毒的病人对健康人不具有直接传染性。停止有毒食物的供应和食用后，发病人群的数量可以迅速得到控制。

三、食物中毒的分类

食物中毒按照致病物质的不同，可分为细菌性食物中毒、有毒动植物食物中毒、化学性食物中毒和真菌毒素食物中毒。

（一）细菌性食物中毒

细菌性食物中毒是指人们进食了含有大量活跃细菌或细菌毒素的食物而引起的食物中毒，前者称为细菌感染型，后者称为细菌毒素型。

细菌性食物中毒在各类食物中毒中占多数，发病率较高，病死率较低，具有明显的季节性，多发于气温高、湿度大的夏秋季节（5—10月）。引起中毒的食物以动物性食品（如肉类、鱼类、乳类和蛋类等）为主，少数为植物性食品（如剩饭、糯米凉糕、豆制品、面类发酵食品等）。

1. 沙门氏菌属食物中毒

（1）中毒原因。沙门氏菌引起的食物中毒，在细菌性食物中毒中最为常见，一般多由鼠伤寒沙门氏菌、肠炎沙门氏菌和猪霍乱沙门氏菌等引起。因沙门氏菌不分解蛋白质，受污染的动物性食物通常没有感观性质上的变化。

沙门氏菌以污染动物性食物为主，有两个主要污染途径：一是宰前感染，特别是病死牲畜肉，常感染大量的沙门菌。二是宰后污染，包括贮藏、运输、加工、销售和烹调等环节中被带有沙门氏菌的水、土壤、天然冰，不洁的容器、炊具，老鼠和昆虫等污染。

（2）中毒症状。沙门氏菌属食物中毒的潜伏期多为 12 ~ 24 h。主要表现为胃肠型症状。前期症状有寒战、头痛、头晕、恶心，继而出现呕吐、腹泻、腹痛，可伴有高烧、恶寒等。每天腹泻可达 7 ~ 8 次，主要为水样便，少数带有黏液或血，经对症治疗，病程 3 ~ 5 d。严重者可出现烦躁不安、昏迷、抽搐等中枢神经系统症状，甚至因治疗不及时而危及生命。

（3）预防措施。严禁食用病死家畜禽肉，严格执行生熟食品分开存放制度，防止食品被沙门氏菌污染。暂不烹调或食用的肉类食物，应低温贮存。肉类食物加工时要充分加热，确保肉类中心在 80 ℃下受热 15 min，彻底杀死沙门氏菌。烹调加工后的食品，常温保存时间应缩短在 6 小时以内，避免食品中沙门氏菌的繁殖。对放置时间较长的熟肉制品，食用前须再次加热。

2. 副溶血性弧菌食物中毒

（1）中毒原因。副溶血性弧菌是一种嗜盐弧菌，在海水中广泛分布。副溶血性弧菌食物中毒在我国沿海地区发生较多，引起中毒的食品以海产品为主，多发于 6—9 月海产品大量上市时，主要原因是烹调时未烧熟煮透，细菌未被完全杀灭。熟制品污染后未再彻底加热，或其他食品因交叉污染亦可发生副溶血性弧菌食物中毒。

（2）中毒症状。副溶血性弧菌食物中毒潜伏期多在 10 h 左右，短则 2h。主要表现为典型的急性胃肠炎症状，发病急，主要症状为恶心、呕吐、腹泻、腹痛、发热，也有头痛、多汗、口渴等症状。大部分病人发病后 2 ~ 4 d 恢复正常，少数重症病人可能由于休克、昏迷而死亡。

（3）预防措施。副溶血性弧菌在 2 ℃ ~ 5 ℃停止生长，在 10 ℃以下不能繁殖，所以海产品要低温冷藏保鲜。海产品加工前要用淡水充分冲洗干净，对接触海产品的手、容器和用品等，应及时清洗消毒，避免交叉污染。海产品要少生食，烹调时一定要烧熟煮透，防止外熟内生。制作海产品拼盘或凉拌菜时须加入适量食醋，既杀菌又调味。

3. 肉毒杆菌毒素食物中毒

（1）中毒原因。肉毒杆菌食物中毒的病原体为肉毒梭状芽孢杆菌，芽孢的抵抗力强，需要在 180 ℃干燥环境下加热 5 ~ 15 min，或在 100 ℃湿润环境下加热 5 h 才能杀灭。肉毒杆菌主要污染罐头和发酵性食物，如臭豆腐乳、豆瓣酱、面酱、豆豉、豆酱和肉类等。肉毒杆菌在食物中生长繁殖时,会产生毒性很强的外毒素,即肉毒毒素,是一种强烈的神经毒素,对人体消化酶、酸和低温稳定,但不耐热,遇碱时被破坏。

(2)中毒症状。肉毒杆菌食物中毒的潜伏期由数小时至数天不等,多为 12 ~ 48 h,最短者 6h,潜伏期越短,病死率越高。临床表现主要为运动神经麻痹症状。先是头痛、头晕、乏力、走路不稳,眼肌麻痹,出现视力模糊、眼睑下垂,复视、眼球震颤等症状;而后咽肌、胃肠肌麻痹,出现咀嚼吞咽困难、语言障碍等症状;继而发生呼吸肌麻痹,严重时引起呼吸功能衰竭导致死亡。国内多采用多价抗肉毒毒素血清进行治疗。

(3)预防措施。避免采购破损和胀罐的罐头食品;采购香肠、火腿肉以及各类发酵制成的酱料等食品时,要采购正规厂家的产品,并注意包装完好性及保质期等。自制发酵酱类时,对食品原料应进行彻底的清洁处理,确保原料新鲜卫生,发酵过程安全可靠。加工后的食品应迅速冷却并在低温环境储存。此外,由于肉毒杆菌毒素具有不耐热的特性,食用前应对食物进行充分加热。

其他细菌性食物中毒见表 6-1。

表6-1　其他细菌性食物中毒的可疑食物及中毒症状表

食物中毒原因	可疑食物	中毒症状
葡萄球菌	乳、蛋及其制品、含乳冷冻食品、熟肉制品等	恶心、喷射状呕吐、上腹症疼痛、腹泻呈现水样便
病原性大肠埃希氏菌	熟肉制品、蛋及蛋制品、奶、奶酪、蔬菜、水果、饮料等	发热、腹痛、腹泻等
变形杆菌属	动物性食品为主,其次为豆制品和凉拌菜	上腹部刀绞样痛和急性腹泻为主、伴有恶心、呕吐、头痛、发热
单核细胞增多性李斯特菌	禽蛋类、奶、肉及肉制品、水果、蔬菜等	初期为恶心、呕吐、发烧、头疼、腹痛、腹泻症状,重者可表现为败血症、脑膜炎等,有时引起心内膜炎,妊娠期可能出现流产或死胎
志贺氏菌(痢疾杆菌)	含水量高的食品、熟食品,冷盘和凉拌菜等	剧烈腹痛,呕吐和频繁腹泻,水样便混有血样或黏液,寒战高热

(二)真菌毒素食物中毒

真菌毒素食物中毒是指食用被真菌及其毒素污染的食物而引起的食物中毒。真菌毒素大多是由产毒霉菌产生的,产毒霉菌在食物中生长繁殖,使食品营养成分发生变化,产生霉味、霉斑,从而降低食用价值,并且会产生有毒的代谢物霉菌毒素。

真菌毒素食物中毒发病率、死亡率较高,发病具有地方性、季节性和波动性等流行特点,且一般烹调方法难以破坏真菌毒素。

1. 黄曲霉毒素中毒

(1)中毒原因。黄曲霉毒素是黄曲霉和寄生曲霉产生的一类结构类似的代谢产物,有 20 余种类型。霉变食物中以黄曲霉毒素 B_1 污染最常见，且其毒性和致癌性在多种黄曲霉毒素中也是最强的。

曲霉主要污染粮食、油料作物及其制品，如花生、玉米、大米和棉籽及其油类制品等，还会引起核桃、杏仁、奶及奶制品、干鱼和咸鱼、干辣椒的霉变。此外，也多有家庭自制发酵类食品黄曲霉毒素污染的报道。如果黄曲霉毒素 B_1 经饲料进入牛的体内，会转化为黄曲霉毒素 M_1，并存在于乳汁中，导致用其加工的奶及奶制品中出现黄曲霉毒素 M_1 污染，但其毒性程度比黄曲霉毒素 B_1 小得多。

黄曲霉毒素在水中溶解度很低，几乎不溶于水；黄曲霉毒素非常耐热，在 280 ℃ 时才裂解，一般的烹调方法很难将其破坏，食用残留黄曲霉毒素的食物很容易引发食物中毒。

（2）中毒症状。黄曲霉毒素有很强的急性毒性，主要损害肝脏组织，易引起肝脏急性病变。中毒症状以黄疸为主，伴有食欲减退、腹胀、呕吐、发热等，重者出现肝腹水、肝脾大、下肢水肿及肝硬化等症状，甚至导致死亡。

黄曲霉毒素还有明显的慢性毒性，长期摄入一定剂量的黄曲霉毒素容易导致生长障碍、体重减轻，出现慢性或亚急性肝损伤，肝功能降低，甚至诱发肝硬化。

此外，黄曲霉毒素还具有强烈的致癌作用，1993 年被世界卫生组织癌症研究机构划定为一类致癌物，是目前公认的最强化学致癌物质之一，主要容易诱发肝癌。

（3）预防措施。预防和减少黄曲霉毒素食物中毒，一方面要防止黄曲霉菌在食物上生长和产毒，另一方面则是要采用合理的方法尽量减少食物中的黄曲霉毒素残留。

黄曲霉生长产毒的最适温度是 25 ℃ ~ 33 ℃，最适水分活性 Aw 值是 0.93 ~ 0.98，但其产毒存在迟滞现象。因此，粮食、油料作物等应在收获后 2 天内及时干燥，降低水分至安全水分以下（如一般粮粒的水分在 13% 以下，花生仁的水分在 8% 以下），专库存放，并控制贮存库的温度和湿度，能够有效防止食物霉变和产毒。此外，仓库内适当使用一些熏蒸剂杀灭昆虫、老鼠等，也可防止霉菌菌丝和孢子的传播。

黄曲霉毒素多存在于粮食和油料作物籽粒的表面，挑拣出破损、皱皮、变色、虫蛀和霉变的粮食颗粒后，通过碾轧去糠，烹前用水反复搓洗几次，可减少黄曲霉毒素的残留。利用黄曲霉毒素能够与碱发生化学反应形成可溶于水的香豆素钠盐的特点，植物油可以采用加碱后用水洗去毒素的方法进行处理；或利用活性白陶土、活性炭等吸附剂的物理吸附能力去除植物油中的黄曲霉毒素。此外，还可以采用氨气处理法除去谷物和饲料中的黄曲霉毒素，或采用紫外线照射法处理液体食物中的黄曲霉毒素。

2. 赤霉病麦中毒

（1）中毒原因。赤霉病是粮食作物的一种重要病害，由多种镰刀菌引起，赤霉麦粒呈灰红色，谷皮皱缩，并有胚芽发红等特点。镰刀菌感染麦类、玉米等谷物后，在造成粮食大量减产的同时，还会产生多种毒素，如单端孢霉烯族化合物、玉米赤霉烯酮、丁烯酸内酯和伏马菌素等。这些毒素耐热且不易溶于水，一般烹调方法难以将它们破坏或去除。

（2）中毒症状。镰刀菌毒素具有较强的细胞毒性，免疫抑制及致畸作用，部分毒素还有一定的致癌性。赤霉病麦食物中毒潜伏期较短，主要症状有恶心、呕吐、腹痛、腹泻、头昏、头痛、嗜睡、乏力等；少数病人伴有发烧、畏寒等症状；重症病人呼吸、脉搏、体温及血压出现波动，四肢酸软、步态不稳，形似醉酒，故有的地方称为"醉谷病"。一般无须治疗即可自愈，呕吐症状严重者应注意及时补液。

（3）预防措施。预防赤霉病麦中毒，首先要选择抗赤霉病的作物品种，做好粮食生产过程中的田间管理，使用高效、低毒、低残留的杀菌剂，收获后及时脱粒、晾干，将水分降低到13%以下，储藏期间注意通风，适当使用杀菌剂，防止粮食霉变。其次，利用赤霉病麦粒轻、比重小的特点，可以采用比重分离法，如用1∶18的盐水漂洗小麦，待病麦粒上浮后除去；也可以利用毒素主要集中在粮食皮层的特点，采用碾磨去皮法减少毒素残留等。

3. 霉变甘蔗中毒

（1）中毒原因。甘蔗水分含量高，富含蔗糖。新鲜的甘蔗易遭受节菱孢霉菌的污染，尤其在温度和湿度较高的春季，节菱孢霉菌更容易繁殖，并产生大量毒素，食用这种霉变甘蔗可能引起中毒。民间素有"清明蔗，毒过蛇"的说法。

（2）中毒症状。节菱孢霉菌产生的毒素是一种强烈的神经毒素，主要损害中枢神经系统。霉变甘蔗中毒的潜伏期为15 min 至数小时。中毒症状最初表现为消化道功能紊乱，如头晕、头疼、呕吐；未成年人中毒易发展为重症，出现抽搐、昏迷等症状，伴有严重的神经系统后遗症；中毒最严重的情况下，甚至会引起呼吸衰竭导致死亡。

（3）预防措施。由于不成熟的甘蔗更容易霉变，因此应待甘蔗成熟后再收割。甘蔗储存时间不宜过长，在储存过程中注意防捂防冻，定期检查感官性状，防止真菌污染和繁殖，变质甘蔗不得出售和食用。此外，要提高识别变质甘蔗的能力。变质甘蔗外观缺少光泽，有霉斑，质软，切开后剖面呈浅黄色或浅褐色，有轻度霉味或酒糟味。

（三）化学性食物中毒

化学性食物中毒是指健康人经口摄入了正常数量、感官无异常，但含有较大量化学性有毒有害物质的食物后，引起的食物中毒。有毒化学性物质主要包括农药和兽药、有毒金属或类金属化合物、N-亚硝基化合物、多环芳烃、丙烯酰胺、氯丙醇等。

化学性食物的中毒特点是潜伏期短、发病快，患者中毒程度严重，而病程一般比细菌性食物中毒长。

1. 亚硝酸盐中毒

（1）中毒原因。硝酸盐和亚硝酸盐是强致癌物亚硝基化合物的前体，广泛存在于人类生存的环境和日常饮食中。其外观与食盐类似，呈白色至淡黄色，粉末或颗粒状，无臭，味微咸，易潮解和溶于水。

蔬菜等植物在生长过程中从土壤中吸收硝酸盐，在体内还原成氨，并进一步与光合作用合成的有机酸反应生成氨基酸、蛋白质和核酸等。光合作用不充分时，蔬菜等植物体内可蓄积硝酸盐，亚硝酸盐含量一般较少，但蔬菜贮存和处理过程对亚硝酸盐含量影响很大。贮存时间过久、不新鲜甚至腐烂的蔬菜，腌制时间过短或过长的蔬菜，以及隔夜放置的熟制蔬菜，蔬菜内原有的硝酸盐会在硝酸盐还原菌的作用下转化为亚硝酸盐。

亚硝酸盐能够抑制许多腐败菌和致病菌的生长，且亚硝酸盐分解产生的一氧化氮能够与肌红蛋白结合，形成具有特有红色的亚硝基肌红蛋白，使肉制品色泽更加红润。由于目前没有更好的替代品，硝酸盐和亚硝酸盐仍被作为防腐剂或发色剂，广泛用于肉类制品的加工。食用含有大量亚硝酸盐的蔬菜和加工肉类，以及误食亚硝酸盐时，易引发亚硝酸盐中毒。

（2）中毒症状。如果短时间内经口摄入（误食或超量摄入）较大量的亚硝酸盐，易引起急性中毒。当摄入量达到 $0.2 \sim 0.5g$ 可导致中毒，摄入量超过 3g 可致人死亡。

亚硝酸盐食物中毒潜伏期为 10 min（误食纯亚硝酸盐）或 $1 \sim 3h$（食用含有大量亚硝酸盐的食物），中毒的典型特征为紫绀，皮肤尤其是口唇、舌等部位青紫。主要症状有头晕、头痛、乏力、胸闷、心悸、烦躁不安、呼吸困难等；可伴有恶心、呕吐、腹痛、腹泻等症状；严重者意识模糊，昏迷、抽筋、呼吸衰竭甚至死亡。

（3）预防措施。不食用存放过久或变质的蔬菜，饭菜尽量现烹现吃，吃剩的熟菜不可存放过久。腌制蔬菜时要选择新鲜原料，要腌熟腌透。一般来说，腌制初期蔬菜中的亚硝酸盐含量会逐渐升高，随着时间延长亚硝酸盐含量达到高峰后逐渐下降。在肉类制品加工时要控制硝酸盐和亚硝酸盐的使用量，同时要注意保管，避免被当作食盐误食。我国规定肉制品中亚硝酸盐残留量不得超过 30 mg/kg。

2. 砷化物中毒（砒霜中毒）

（1）中毒原因。砷元素无毒性，但其化合物一般都有剧毒，最常见的为三氧化二砷，俗称"砒霜"。砒霜为白色无臭无味的粉末，存放不当时，容易与食用碱、面粉等混淆而被误食。食品制作过程中使用含砷量过高的食品添加剂，以及滥用含砷农药、鼠药等，也可因污染食品引起中毒。

（2）中毒症状。砷化物中毒潜伏期短，仅为数分钟至数小时。最初表现为急性肠胃炎，如食管有烧灼感，口内有金属异味，呕吐、腹痛、腹泻、血便；继而出现神经系统症状，如头痛、头昏、乏力、口周麻木、全身酸痛，或伴有中毒性肝损害和出血倾向。重症患者烦躁不安、谵妄、妄想、四肢肌肉痉挛，意识模糊以至昏迷、呼吸中枢麻痹甚至死亡。

长期接触低浓度的砷和砷化物，可引起慢性中毒，皮肤癌、肝癌和肺癌的发病率高于正常人。

（3）预防措施。严格保管砷及其制品，在其外包装上做好有毒标记，禁止与食物一起存放，以免误食。加强含砷农药使用管理，遵守安全间隔期，防止污染食品。

食品添加剂必须符合卫生质量要求，添加量要严格控制在规定标准内。

3. 有机磷农药中毒

（1）中毒原因。有机磷农药是我国使用最广泛、品种最多的农药之一。引起有机磷农药中毒的原因主要是水果、蔬菜等食品中的农药残留，以及因农药保管不善、管理不严而误食装过农药的容器、包装袋中盛放的食品。

（2）中毒症状。有机磷农药中毒的潜伏期多在 2h 以内，发病越急病情越严重。症状主要表现为头晕、恶心、流涎（泡沫样分泌物）、出汗、无力、视力模糊、瞳孔缩小、肌束震颤，严重者会因呼吸中枢衰竭、呼吸肌麻痹或循环衰竭、肺水肿而死亡。

（3）预防措施。有机磷农药应专人保管，单独储存、器具专用、标识明确。配药拌种要远离家畜圈、饮水源和瓜果地，以防污染。喷洒农药须遵守安全间隔期，喷过农药和播过毒种的农田，要竖立标志提示群众。喷药后要用肥皂水洗手、洗脸。蔬菜、水果在食用前必须充分洗净。不要食用因剧毒农药致死的各种畜禽。

其他化学性食物中毒见表 6-2。

表6-2　其他化学性食物中毒的原因、症状及预防措施

中毒类型	中毒原因	中毒症状	预防措施
锌中毒	镀锌容器或机械的锌溶入食品	恶心、呕吐、腹泻、腹痛，重者可致休克	杜绝使用镀锌容器盛放、煮制和加工酸性食品
铅中毒	铅污染食物	可导致贫血，中枢神经系统损害肾小管功能障碍甚至损伤，血压升高等	不吃或少吃含铅食品，如松花蛋、膨化食品、铁皮罐装饮料、爆米花等
甲醇中毒	饮用假酒、自制酒	早期呈酒醉状态，出现头昏、头痛、乏力、视力模糊和失眠。严重时谵妄、意识模糊、昏迷等，甚至死亡	避免饮用劣质酒类饮料
碳酸钡中毒	碳酸钡是灭鼠药的主要原料，其颜色与食碱相同，易混	恶心、呕吐，以进行性、向心性肌肉麻痹为特点，神志清醒，低血钾，呼吸肌麻痹甚至死亡	将食物、杂物、药物分开放置，避免鼠药污染

（四）有毒动植物食物中毒

有毒动植物食物中毒是指误食体内含有某些天然有毒成分的动植物，或因食用方法、贮存方法不当而引起的食物中毒。

1. 河豚中毒

（1）中毒原因。河豚又名河鲀、气泡鱼，属无鳞鱼，有上百个品种，我国沿海各地及长江下游均有出产。其肉质细嫩，味道鲜美，营养丰富。但河豚体内含有剧毒的河豚毒素，盐腌、日晒均不能将其破坏，需 100 ℃加热 7 h 或 200 ℃加热 10 min 才能破坏其毒素，江浙一带素有"拼死吃河豚"的说法。其毒素含量因鱼的品种、部位和季节不同而异，主要存在于卵巢和肝脏中，其次是肾、脾、血液、眼睛、鳃和皮肤中，每年春季为河豚卵巢发育期，毒性最强。洗干净血液的新鲜河豚鱼肉可视为无毒。但河豚若死亡时间较久，内脏毒素会渗入肌肉。

（2）中毒症状。河豚毒素是自然界中毒性最强的非蛋白质神经毒素，其毒性比氰化钠强 1 000 倍，只需 0.5 mg 即可致人死亡。其中毒的特点是发病急速而剧烈，潜伏期多在 0.5 ~ 3h，最初表现为手指、唇、舌有刺痛、麻木感，然后出现恶心、呕吐、腹痛、腹泻等胃肠道症状，进而四肢无力、发冷，指端麻痹，语言不清。重症患者瞳孔及角膜反射消失，四肢肌肉麻痹，甚至全身瘫痪，最后血压和体温下降，甚至因呼吸衰竭、循环衰竭而致死。对此目前尚无特效解毒药。

（3）预防措施。普及所有的野生河豚都带有河豚毒素知识，鉴于河豚毒素中毒的严重危害性，国家应加强卫生宣传和市场监管，提高消费者识别河豚的能力；禁止没有资质的商家出售、加工和烹饪河豚，由国家批准的单位对河豚进行统一的加工利用或销毁。群众自觉做到不捡拾废弃鱼类，不购买不认识的鱼类，不加工和食用河豚。

2. 鱼类组胺中毒

（1）中毒原因。一些青皮红肉鱼类，如秋刀鱼、金枪鱼、鲐鱼等，鱼体中含有较多的组氨酸，当鱼体不新鲜或腐败变质时，其含有的组氨酸会在细菌的作用下，分解产生组胺及腐败胺类物质，当其超过一定量时，将引发中毒。

（2）中毒症状。组胺中毒临床表现的特点是发病急、症状轻、恢复快。其潜伏期一般为 0.5 ~ 1 h，最短可为 5 min，最长可达 4 h。组胺能使人体的毛细血管扩张和支气管收缩，主要症状有皮肤潮红，全身不适，眼结膜充血并伴有头晕、头痛、恶心、血压下降、心跳加速等症状，有时出现荨麻疹，个别病例还会出现哮喘、腹痛和腹泻。一般可采用抗组胺药物或对症治疗。

（3）预防措施。不采购、制作和销售腐败变质的鱼类，凡采购青皮红肉鱼类应注意其新鲜度，购后应及时烹调。过敏性疾病患者，应不吃或少吃此类鱼。青皮红肉鱼不能鲜销或需外运销售时应加 25% 以上的盐腌制，保证食用安全。烹调青皮红肉鱼时可采用适当方法减少或去除组胺，如去除内脏，刷洗干净，切成二寸段，用水浸泡 4 ~ 6h，烹调时可加入适量雪里蕻、红果或食醋。

3. 其他有毒鱼类

除常见的鲀毒鱼类和含组胺鱼类外，有毒鱼类还包括肉毒鱼类、血毒鱼类、胆毒鱼类、卵毒鱼类、肝毒鱼类和刺毒鱼类等，若误食或意外扎伤也会引起中毒，严重者还会危及生命。

（1）肉毒鱼类。肉毒鱼类是指鱼肉或内脏含有毒素的鱼类，产于我国沿海的有 20 余种，主要是海鳝科、鲹科和鲷科，如花斑裸胸鳝、棕点石斑鱼、侧牙鲈、白斑笛鲷等。肉毒鱼类含毒原因复杂，有些鱼类在某个海域有毒，但到了其他海域却无毒，也有些鱼类仅在生殖期产生毒素，因而极易被人误食。

（2）血毒鱼类。血毒鱼类是指血液中含有毒素的鱼类。鱼血中的毒素对黏膜有强烈的刺激作用，但毒素能被加热和胃液破坏，所以只有大量生饮鱼血才容易中毒，而煮熟后食用不会中毒。人体黏膜受损或手指受伤时，接触有毒鱼血也可能引起炎症、化脓、坏疽。我国常见的血毒鱼类有江河产的鳗鲡和黄鳝。民间认为鳝鱼血液能滋补强身，但生饮鳝血者会出现腹泻、恶心、皮疹、呼吸困难等症状。

（3）胆毒鱼类。胆毒鱼类是指鱼胆有毒的鱼类。民间认为鱼胆有"清热解毒""明目""止咳平喘"等作用，因而吞服鱼胆中毒的情况时有发生。胆毒鱼类以我国四大家鱼（草鱼、青鱼、鲢鱼、鳙鱼），以及鲤鱼为主，其胆汁毒素耐热，故烹调前需完整地除去鱼胆。

（4）卵毒鱼类。卵毒鱼类是指鱼卵有毒的鱼类。如我国青海湖出产的湟鱼（又称青海湖裸鲤），肉味鲜美，但在繁殖季节，其卵巢和精巢有毒，误食后易腹泻、呕吐。

（5）肝毒鱼类。肝毒鱼类通常是因为鱼肝中含有丰富的维生素 A、维生素 D 和脂肪，食后会引起维生素过多症。同时，肝毒鱼类鱼肝中也可能含有鱼油毒和麻痹毒，进食将引起中毒，如蓝点马鲛、鲨鱼等。

（6）刺毒鱼类。刺毒鱼类具有毒棘和毒腺，被刺后毒液由毒棘注入人体，导致红肿、疼痛甚至死亡。常见的刺毒鱼有狮子鱼、石头鱼、魟鱼等，其中以魟鱼毒性最强、品种最多、分布最广。

4. 毒蕈中毒

（1）中毒原因。蕈类属于真菌类，具有大型子实体。蕈类通常分为食用蕈、条件可食蕈和毒蕈三大类。食用蕈滋味鲜美、营养丰富，具有降低胆固醇、降血脂、提高免疫力等保健效果，是广受消费者喜爱的食品原料，有野生和人工培育两类。

我国的蕈类资源十分丰富，分布广泛。已鉴定的蕈类中，有毒蕈类 100 多种，其中含剧毒可致死的 10 余种，如白毒伞、白毒鹅膏菌等。毒蕈中毒全年均有发生，但以夏秋季蕈类生长繁殖旺盛时最为多见，云南、贵州等省高发。

鉴别野生蕈是否有毒需要专业机构和人员帮助，目前没有简单易行的鉴别方法。民间流传着许多不可靠的鉴别方法，如蕈盖色泽美丽，外观好看；蕈盖上有疣，蕈柄上有蕈环、蕈托；蕈体弄破后会发生明显变色、汁液浑浊如牛乳；不生蛆，不长虫子；有酸、辣、苦、腥、臭味；煮时能使银器或大蒜变黑等。事实上，上述民间方法并不可靠，据此来鉴别不同地方复杂多样的毒蕈具有极大的安全隐患。

（2）中毒症状。毒蕈的有毒成分较多，如毒肽、毒蝇碱等，也较复杂，不同种的毒蕈毒性不同，中毒者表现出来的症状各异，程度差异也较大，主要分为胃肠毒素型、神经毒素型、血液毒素型、肝肾损害型和类光过敏型等。但只要是毒蕈中毒，都要及时采用催吐、洗胃、导泻和灌肠等方法，迅速地排出尚未吸收的毒素，然后再对症下药进行抢救。

（3）预防措施。预防毒蕈中毒的最好方法是广泛宣传毒蕈中毒的危害性，提高人们鉴别毒蕈的能力，不随意拣食蕈类，防止误食。饮食业只选用可靠的食用蕈。加强野生蕈类收购、销售时的检验工作，严防毒蕈混入。对条件可食蕈，注意食用方法。如洗净煮沸几分钟后弃去汤汁，忌急火快炒或凉拌食用，同时进食量不宜过大。

5. 氰苷类食物中毒

（1）中毒原因。氰苷，又称生氰糖苷、氰醇苷，是植物体内一种内源性抗虫成分，保护植物免受昆虫和食草动物啃食。不同植物氰苷含量不同，其中苦杏仁含量较高，平均值为 3%；甜杏仁平均值为 0.1%；桃仁、樱桃仁、枇杷仁等其他果仁平均值为 0.4%～0.9%。木薯表皮、内皮、薯肉等各部位都含有大量氰苷，以内皮含量最高。氰苷含量较高的植物原料，大多都有苦味，人和动物误食后，在胃和肠道内消化过程中可水解产生氢氰酸，并迅速被黏膜吸收入血引起中毒。

（2）中毒症状。氰苷类食物中毒潜伏期为半小时至数小时，主要症状为口内苦涩、头昏、头痛、恶心、呕吐、心慌、脉速、四肢无力，继而出现不同程度的呼吸困难、胸闷症状，严重者意识丧失，全身阵发性痉挛，最后因呼吸麻痹或心跳停止而死亡。此外，还可引起多发性神经炎。

（3）预防措施。加强宣传教育，不生吃各种苦味果仁。根据氰苷易溶于水和氢氰酸遇热挥发的特点，利用煮熟、炒熟或水浸泡后蒸熟等方法去毒。例如，食用木薯前要去除木薯皮，用水浸泡薯肉，打开锅盖蒸煮木薯，以便氢氰酸挥发，也可将熟制的木薯再次浸泡后二次蒸煮。

其他有毒动植物食物中毒的原因、症状及预防措施见表 6-3。

表6-3　其他有毒动植物食物中毒的原因、症状及预防措施

导致中毒的食物	中毒原因	中毒症状	预防措施
四季豆	四季豆中含有皂素和植物血球凝集素等有毒物质	吐泻和出血性肠炎	不买、不吃老四季豆；粗加工时去掉毒素含量高的豆角两头和豆筋；烹调时宜将四季豆放在开水中烫泡数分钟，捞出后再炒煮，并确保烧熟煮透
鲜黄花菜	鲜黄花菜中含有秋水仙碱，在体内会被氧化成有剧毒的二秋水仙碱	恶心、呕吐、口渴、喉干、腹泻、头昏等症状	食用鲜黄花菜时，必须经水浸泡或用开水烫泡后除去汁液，再彻底加热
发芽马铃薯	发芽马铃薯中含有龙葵碱毒素	咽喉麻痒、胃部灼痛、胃肠炎症状，伴随瞳孔散大、耳鸣、神经兴奋。严重者抽搐，意识丧失，甚至死亡	贮藏马铃薯应放在干燥、阴凉处避免日光照射。发芽马铃薯宜丢弃，必须烹煮时，应削皮，挖掉芽和芽眼周围，切小块，适当加醋，并彻底烧熟煮透
麻痹性贝类	贝类食入有毒藻类导致石房给毒素等蓄积	唇、舌、指尖麻痹，继而腿臂和颈部麻木，运动失调	在贝类生长的水域采取藻类检查，测定捕捞贝类所含的毒素量
动物甲状腺	动物甲状腺中含有的甲状腺素，能扰乱人体新陈代谢	头痛、乏力、抽搐，四肢肌肉痛，重者狂躁、昏迷	屠宰牲畜时去除甲状腺
有毒蜂蜜	有毒蜜源植物导致蜂蜜中含有雷公藤碱等毒性生物碱	口干舌麻、恶心、呕吐心慌、腹痛、肝肿大、肾区痛	加强蜂蜜检查

第四节　食品添加剂

一、食品添加剂的定义和分类

《食品安全国家标准食品添加剂使用标准》（GB 2760—2014）对食品添加剂的定义是：为改善食品品质和色、香、味，以及为防腐、保鲜和加工工艺的需要而加入食品中的人工合成或者天然物质。食品用香料、胶基糖果中基础剂物质、食品工业用加工助剂也包括在内。

随着食品工业的发展，食品添加剂的种类和数量不断增加，我国允许使用的食品添加剂有2300多种。

根据食品添加剂的制备方式，可分为生物技术法（如发酵法）、物理提取法、化学合成法。

根据食品添加剂的来源，可分为天然食品添加剂和人工合成食品添加剂两大类。天然食品添加剂是指以动物、植物或微生物的代谢产物及一些矿物质为原料，经提取制得的物质，其品种少、价格较高。人工合成食品添加剂是指采用化学手段，使元素或化合物通过氧化、还原、缩合、聚合、成盐等反应制得的物质，其品种全、价格低、用量少，但安全性往往低于天然食品添加剂，特别是混有有害杂质或用量过大时易对机体造成危害。

根据食品添加剂的功能用途，我国将食品添加剂分为 22 个功能类别，包括酸度调节剂、抗结剂、消泡剂、抗氧化剂、漂白剂、膨松剂、胶基糖果中基础剂物质、着色剂、护色剂、乳化剂、酶制剂、增味剂、面粉处理剂、被膜剂、水分保持剂、防腐剂、稳定和凝固剂、甜味剂、增稠剂、食品用香料、食品工业用加工助剂等。

二、食品添加剂的使用要求与卫生管理

（一）食品添加剂使用时的基本要求

①不应对人体产生任何健康危害。

②不应因掩盖食品腐败变质而使用食品添加剂。

③不应以掩盖食品本身或加工过程中的质量缺陷或以掺杂、掺假、伪造为目的而使用食品添加剂。

④不应降低食品本身的营养价值。

⑤在达到预期效果的前提下尽可能降低食品添加剂在食品中的使用量。

（二）在下列情况下可使用食品添加剂

①保持或提高食品本身的营养价值。

②作为某些特殊膳食用食品的必需配料或成分。

③提高食品的质量和稳定性，改进其感官特性。

④便于食品的生产、加工、包装、运输或者贮藏。

（三）食品添加剂质量标准

允许使用的食品添加剂应当符合相应的质量规格要求。

（四）食品添加剂带入原则

在下列情况下，食品添加剂可以通过食品配料（含食品添加剂）带入食品中：

①根据《食品安全国家标准食品添加剂使用标准》（GB 2760—2014），食品配

料中允许使用该食品添加剂。

②食品配料中该添加剂的用量不应超过允许的最大使用量。

③应在正常生产工艺条件下使用这些配料，并且食品中该添加剂的含量不应超过由配料带入的水平。

④由配料带入食品中的该添加剂的含量应明显低于直接将其添加到该食品中通常所需要的水平。

当某食品配料作为特定终产品的原料时，批准用于上述特定终产品的添加剂允许添加到这些食品配料中，同时该添加剂在终产品中的量应符合《食品安全国家标准食品添加剂使用标准》（GB 2760—2014）的要求。在所述特定食品配料的标签上应明确标示该食品配料用于上述特定食品的生产。

三、常见的食品添加剂

（一）防腐剂

防腐剂是指能抑制食品中微生物生长和繁殖，防止食品腐败变质，延长食品保存期的物质。我国允许使用的防腐剂有苯甲酸及其钠盐、山梨酸及其钾盐、对羟基苯甲酸酯类及其钠盐、双乙酸钠、二氧化碳、溶菌酶、亚硝酸钠、乙酸钠等 30 余种。

防腐剂大多是人工合成的，过量使用对人体健康可能有一定的危害。

苯甲酸及其钠盐：苯甲酸又名安息香酸，在 pH 值约为 3 时，抗菌效果最好。苯甲酸进入机体后，与甘氨酸结合生成马尿酸而从尿中排出，因此毒性较低。苯甲酸及其钠盐广泛用于腌制的蔬菜、果酱（罐头除外）、蜜饯糖果、调味糖浆、醋、酱油、复合调味料、蛋白饮料、碳酸饮料、果酒、配制酒等多种食品中。

山梨酸及其钾盐：山梨酸又名花楸酸，在 pH 值小于 5.5 时，对真菌、酵母和需氧细菌有较好的抑制效果，对厌氧细菌却几乎无效。山梨酸是一种不饱和脂肪酸，可参与机体的正常代谢过程，目前可以认为对人体无害。山梨酸及其钾盐广泛用于干酪类、氢化植物油、人造黄油类、腌制的蔬菜、果酱（罐头除外）、蜜饯糖果、豆制品、面包、糕点、肉制品、醋、酱油、复合调味料、乳酸菌饮料、配制酒、果酒、葡萄酒、果冻等多种食品中。此外，山梨酸及其钾盐还可以用作抗氧化剂、稳定剂。

（二）抗氧化剂

抗氧化剂是指能防止食品成分氧化分解、变质，提高食品稳定性的物质，多用于延缓或防止油脂及富含脂肪食品的氧化酸败。我国允许使用的抗氧化剂有丁基羟基茴香醚、二丁基羟基甲苯、没食子酸丙酯（PG）、抗坏血酸（维生素 C）、维生素 E、二氧化硫等。一些天然香料也具有良好的抗氧化作用，如桂皮、迷迭香、花椒等。葡萄籽、樱桃、草莓等食物中的低聚原花青素，也是一种广泛使用的天然抗氧化剂。

（三）着色剂

着色剂又称色素，是赋予和（或）改善食品色泽的物质。

天然色素主要来自动植物或微生物代谢产物，虽然大多数品种都比较安全，但存在稳定性差、着色效果不理想、难以任意调色及成本高等缺点。我国允许使用的天然色素主要包括番茄红素、辣椒红、姜黄素、紫胶红、胭脂虫红、红曲红等40多种。

合成色素主要是指用人工方法从煤焦油中制取，或以苯、甲苯、萘等芳香烃化合物为原料合成的有机色素，故又称为煤焦油色素或苯胺色素，合成色素具有性质稳定、着色力强、可任意调色、成本低廉、使用方便等优点。我国允许使用的合成色素主要包括苋菜红、胭脂红、赤鲜红（樱桃红）、新红、诱惑红、柠檬黄、日落黄、亮蓝、靛蓝、叶绿素铜钠和二氧化钛等。

（四）发色剂

发色剂又称护色剂，是指能与食品中某些物质发生反应，从而呈现出良好色泽的物质。我国允许使用的发色剂有硝酸钠（钾）、亚硝酸钠（钾）、D-异抗坏血酸及其钠盐、葡萄糖酸亚铁等。

常用的肉类食品护色剂是硝酸盐、亚硝酸盐。硝酸盐在细菌作用下还原成亚硝酸盐，并在酸性条件下分解为亚硝酸，进而转变成一氧化氮，与肌红蛋白或高铁肌红蛋白发生反应后，生成鲜红的亚硝基肌红蛋白，经加热或烟熏处理，转变为稳定的一氧化氮亚铁血色原，从而使肉类食物呈现出良好的色泽。

当人体过量摄入亚硝酸盐时，正常的血红蛋白会变成高铁血红蛋白，从而失去携氧能力，导致组织缺氧，引起发绀症（皮肤和黏膜呈青紫色）。此外，亚硝酸盐还是强致癌物亚硝基化合物的前体。

（五）甜味剂

甜味剂是指赋予食品甜味的物质。

我国允许使用的天然甜味剂包括糖醇类、甜叶菊苷、罗汉果甜苷等，人工合成甜味剂包括糖精钠、阿斯巴甜、安赛蜜等。

常见的糖醇类甜味剂有木糖醇、山梨糖醇、麦芽糖醇、甘露糖醇等，可由相应的糖加氢制得，甜味与蔗糖近似，其特点是能量低、黏度低，代谢途径与胰岛素无关，不会引起血糖升高，故常用作糖尿病、肥胖症病人的甜味剂，并具有防龋齿的作用。我国规定糖醇类甜味剂可按生产需要适量使用。

　　甜菊苷是从天然植物甜叶菊中提取出来的一种糖苷，属于天然无异味的高甜度甜味剂，甜度约为蔗糖的 300 倍，能量仅为蔗糖的 1/300，通常被视为一种可替代蔗糖的理想甜味剂。在食用时间较长的国家，如巴拉圭、日本，均未见不良副作用报道。

　　糖精钠是世界各国广泛使用的甜味剂，味感不如蔗糖鲜美，甜度为蔗糖的 300～500 倍，糖精钠在体内不被分解、不被利用，大部分随尿排出而不损伤肾功能，因此一般认为无害，但用量过大时有金属苦味。

　　阿斯巴甜是一种二肽衍生物，味感与蔗糖相似，甜度为蔗糖的 100～200 倍，对血糖没有影响。市场上以低糖低热量为卖点的零度可乐，使用的就是阿斯巴甜。阿斯巴甜在体内代谢产物为天冬氨酸、苯丙氨酸和甲醇，故不能用于苯丙酮酸尿症病人，要求在食品标签上标明"苯丙酮尿患者不宜使用"。

第七章　常见食品的卫生

第一节　植物性原料的卫生要求

一、粮豆类食品卫生

作为我国人民的主食，粮豆类原料不仅是热量的主要来源，也是蛋白质、脂肪、维生素及无机盐的重要来源。粮豆类原料经加工、烹调后又可制成各种各样的食品，供人们食用，所以预防、解决其卫生问题有着重要的意义。

（一）粮豆类主要卫生问题

粮豆类原料的卫生问题主要是微生物污染、化学性有毒物质污染、仓储害虫污染、其他污染等。

1. 微生物污染

微生物污染主要指真菌和真菌毒素污染。粮豆类原料在农田生长期、收获及贮藏过程中的各个环节均可受到真菌污染。当环境湿度较大、温度增高时，真菌易在粮豆中生长繁殖并使粮豆发生霉变，不仅可能使粮豆的感官性状改变，降低和损害其营养价值，而且还可能产生相应的真菌毒素，对人体健康造成危害。常见的污染粮豆的真菌有曲霉、青霉、毛霉、根霉和镰刀菌等。

2. 化学性有毒物质污染

粮豆中农药残留来自防治病虫害和除草时直接施用的农药和通过水、空气、土壤等途径污染环境的农药残留物。我国目前使用的农药80%～90%为有机磷农药。有毒有害物质的污染主要是汞、镉、砷、铅、铬、酚和氰化物等，主要由未经处理或处理不彻底的工业废水和生活污水对农田、菜地的灌溉造成。一般情况下，污水中的有害有机成分经过生物、物理及化学方法处理后可减少甚至消除，但以金属毒物为主的无机有害成分或中间产物难以去除。

3. 仓储害虫污染

我国常见的仓储害虫有甲虫（大谷盗、米象、谷蠹和黑粉虫等）、螨虫（粉螨）及蛾类（螟蛾）等50余种。当仓库温度在18℃～21℃、相对湿度在65%以上时，适于虫卵孵化及害虫繁殖；当仓库温度在10℃以下时，害虫活动减少。仓储害虫在原粮、半成品粮豆上都能生长，受污染的粮豆的食用价值将降低或失去。

4. 其他污染

其他污染包括无机夹杂物和有毒种子的污染，其中泥土、砂石和金属是粮豆中的主要无机夹杂物，来自田园、晒场、农具和加工机械等，这些夹杂物不但影响粮豆的感官性状，而且可能损伤牙齿和胃肠道组织。麦角、毒麦、麦仙翁籽、槐籽、毛果洋茉莉籽、曼陀罗籽、苍耳子等均是粮豆在农田生长期和收割时可能混杂的有毒植物种子。

5. 掺伪

粮食的掺伪有以下几种：

（1）为了掩盖霉变，将霉变米、陈米掺入正常大米中；将陈小米洗后染色冒充新小米。这类粮食煮食后有苦辣味或霉味。

（2）为了增白而掺入有毒物质。如在米粉和粉丝中加入有毒的荧光增白剂；在面粉中掺入滑石粉、太白粉、石膏；在面制品中掺入禁用的吊白块等。

（3）以次充好，如在粮食中掺入砂石、糯米中掺入大米、藕粉中掺入薯干淀粉等，从面粉中抽出面筋后，将剩余部分冒充优质面粉或混入优质面粉中出售。

（二）粮豆类卫生要求

1. 粮豆类卫生标准

不同品种的粮豆都具有固有的色泽及气味，有异味时应慎食，霉变的不能食用，尤其是成品粮。为了保证食用安全，我国对粮豆类食品已制定了许多卫生标准，如原粮有害物质容许量的规定见表7-1。

表7-1　每1 kg原粮中有害物质容许量

有害物质	容许量/mg
马拉硫磷	≤8
氰化物（以HCN计）	≤5
氯化苦	≤2
二硫化碳	≤10
砷（以As计）	≤0.7
汞（粮食中，如加工粮）	≤0.02
汞（薯类中,如土豆、白薯）	≤0.01
六六六	≤0.3
DDT	≤0.2

豆制品含水量高，营养成分丰富，若有微生物污染，极易繁殖引起腐败变质。而目前不少豆制品生产以手工加工为主，卫生条件比较差。影响因素有生产器具、管道和操作等，只要其中有一环没有按项目卫生标准做好清洁工作，就会成为污染源头。另外，产品的保存方式也很重要，豆制品成品能够新鲜存放的时间很短，特别是夏季，如果豆制品成品不及时冷藏很快就会变质。因此，要注意做好豆腐、豆浆等豆制品的卫生管理。豆制品中使用的添加剂要按照有关规定，作为凝固剂的葡萄糖酸内酯的最大使用量为 3.0 mg/kg；消泡剂硅酮树脂的最大使用量为 50 mg/kg。豆制品感官上的变化能反映出豆制品的新鲜程度，新鲜的豆腐块形整齐、软硬适宜、质地细嫩、有弹性，随着鲜度下降，颜色开始发暗，质地溃散，并有黄色液体析出，产品发黏、变酸并产生异味。

2. 粮豆类贮藏卫生

（1）控制水分。粮豆类食品的水分含量与其加工储存方式有很大的关系。合理控制水分可以有效抑制大部分微生物的生长繁殖并延长粮豆类的储存时间。

（2）加强库房管理。有效控制库房温度和湿度，加强防潮、防鼠、防虫和对有害有毒物品等因素的管理，做好库房的消毒和清洁工作。

二、蔬菜、水果类食品卫生

作为维生素和矿物质的主要来源，蔬菜、水果类食品，不仅含有较多的纤维素、果胶和有机酸，而且能刺激胃肠蠕动和消化液的分泌，同时还能促进人们的食欲和帮助消化，对机体有着不可估量的作用。这些蔬菜、水果类原料经加工、烹调后又可制成各种各样的食品，供人们食用，所以预防、解决其卫生问题有着重要的意义。

（一）蔬菜、水果类食品的主要卫生问题

1. 微生物和寄生虫卵污染

蔬菜在栽培中会因利用人畜的粪、尿做肥料，而被肠道致病菌和寄生虫卵污染。国内外每年都有许多因生吃蔬菜而引起肠道传染病和肠寄生虫病的报道。蔬菜、水果在收获、运输和销售的过程中若卫生管理不当，也会被肠道致病菌和寄生虫卵污染。一般表皮破损严重的水果中大肠杆菌检出率高，所以水果与肠道传染病的传播也有密切关系。

2. 工业废水和生活污水污染

用经处理过的工业废水和生活污水灌溉菜田可增加肥源和水源，提高蔬菜产量；还可使污水在灌溉循环中得到净化，减少对大自然水体的污染。但未经无害化处理的工业废水和生活污水灌溉，将使蔬菜受到有害物质的污染。工业废水中的某些有害物

质还会影响蔬菜的生长。

3. 农药残留

使用过农药的蔬菜和水果在收获后，常会有一定量的农药残留，如果残留量大将对人体产生一定危害。绿叶蔬菜尤其应该注意这个问题。我国常有生长期短的绿叶蔬菜在刚喷洒农药后就上市，结果造成多人农药中毒。

4. 腐败变质与亚硝酸盐含量

蔬菜和水果因为含有大量的水分，组织脆弱，储藏条件稍有不适，即可能腐败变质。蔬菜和水果的腐败变质，除了本身酵解的酶起作用，主要与微生物大量生长繁殖有关。肥料和土壤中的氨氮，除大部分参与植物体内的蛋白质合成外，还有一小部分通过硝化及亚硝化作用形成硝酸盐及亚硝酸盐。正常生长情况下，蔬菜和水果中硝酸盐与亚硝酸盐的含量是很少的，但在生长时碰到干旱或收获后环境存放或腌制方式等不恰当时，都会使硝酸盐与亚硝酸盐的含量增加。过量的硝酸盐与亚硝酸盐含量，一方面会引起作物的凋谢枯萎，另一方面被人畜食用后会引起中毒。减少蔬菜和水果中硝酸盐与亚硝酸盐含量的办法，主要是合理的田间管理和低温储藏。

（二）蔬菜、水果类食品的卫生要求

1. 保持新鲜

为了避免腐败和亚硝酸盐含量过多，新鲜的蔬菜和水果最好不要长期储藏，采收后及时食用不但营养价值高，而且新鲜、适口。如果一定要贮藏的话，应剔除有外伤的蔬菜和水果并保持其外形完整，以小包装进行低温保藏。

2. 清洗消毒

为了安全食用蔬菜，既要杀灭肠道致病菌和寄生虫卵，又要防止营养素的流失，最好的方法是先在流水中清洗，然后在沸水中进行极短时间的热烫。食用水果前也应彻底洗净，最好用沸水烫或消毒水浸泡后削皮再吃。为了防止二次污染，严禁将水果削皮切开出售。

常用的药物消毒方式有以下几种：①漂白粉溶液浸泡；②高锰酸钾溶液浸泡法；③其他低毒高效消毒液等，均可按规定方法对蔬菜和水果进行消毒浸泡，应注意的是浸泡消毒后要及时用清水冲洗干净。

（三）蔬菜、水果卫生标准

1. 蔬菜

优质蔬菜鲜嫩、无黄叶、无伤痕、无病虫害、无烂斑；次质蔬菜梗硬、枯黄，有少量病虫害、烂斑和空心，需挑选后才能食用；变质蔬菜严重霉变，有腐臭气味，有毒或严重虫伤、空心，不可食用。

2. 水果

优质水果表皮色泽光亮，肉质鲜嫩、清脆，有固有的清香；次质水果表皮较干，不够光泽丰满，肉质鲜嫩度差，清香味减退，略有小烂斑点，有少量的虫伤，去除腐烂、虫伤部分仍可食用；变质水果严重腐烂变味，有虫蛀，不可食用。

我国食品卫生标准规定：蔬菜、水果中汞的含量不得超过 0.01 mg/kg；六六六不得超过 0.2mg/kg；DDT 不得超过 0.1 mg/kg。

（四）蔬菜、水果的贮藏卫生

蔬菜、水果的贮藏条件对其保鲜程度有重要影响。如果贮藏时温度过高，果蔬的呼吸作用旺盛，散热多，容易产生大量的二氧化碳和水，可导致果蔬脱水、变黄甚至会使微生物繁殖加快，导致腐烂变质。当贮藏温度低于 0 ℃，果蔬细胞间液结冰，温度升高后，冰溶解流失，使果蔬易于腐烂。所以，果蔬类食品原料一般采用冷藏的存储方法。

第二节　动物类原料食品的卫生要求

一、畜禽肉类食品的卫生

畜禽肉类食品包括牲畜、禽类的肌肉、内脏及其制品。它们是人体蛋白质、脂类、碳水化合物、无机盐和维生素等多种营养素的重要来源，且消化吸收率高、味道鲜美、营养价值高。然而，这类食品容易受到微生物和寄生虫的污染，引起食品腐败变质，人体一旦摄入，会导致食物中毒、肠道疾病和寄生虫病等。因此，必须加强畜禽屠宰和加工卫生，才能保证广大群众的身体健康。

（一）畜禽肉主要卫生问题

1. 腐败变质

肉类在加工和储藏过程中，如果卫生管理不当，往往会发生腐败变质。健康畜肉的 pH 值（5.6 ~ 6.2）较低，具有一定的抑菌能力；而病畜肉 pH 值（6.8 ~ 7.0）较高，且在宰杀前即有细菌侵入机体，而由于细菌的生长繁殖，在宰杀后的病畜肉内分解迅速，极易腐败变质。

2. 人畜共患传染病

对人有传染性的牲畜疾病，称为人畜共患传染病，如炭疽、布氏杆菌病和口蹄疫等。

有些牲畜疾病如猪瘟、猪出血性败血症虽然不感染人，但牲畜患病后，可以继发沙门菌感染，同样可以引起人的食物中毒。

（1）炭疽是对人畜危害最大的传染病，病原体是炭疽杆菌。炭疽杆菌在未形成芽孢前，对外界环境的抵抗力很弱，在 550 ℃下 10 ~ 15 min 即可死亡；但形成芽孢以后，抵抗力增强，需在 140 ℃环境下经 3min 干热或在 100 ℃环境下接触蒸气 5 min 才能杀灭。

炭疽主要是牛、羊和马等牲畜的传染病。病畜眼、耳、鼻及口腔出血，血液凝固不全，呈暗黑色沥青样。猪一般患局部炭疽，宰前一般无症状，主要病变为颌下淋巴结、咽喉淋巴结与肠系膜淋巴结剖面呈砖红色，肿胀变硬。炭疽杆菌在空气中经 6h 即可形成芽孢，因此发现炭疽后，必须在 6h 内立即采取措施，进行隔离消毒。发现炭疽的饲养及屠宰场所与相关设备必须用含 20% 有效氯的漂白粉澄清液进行消毒，亦可用 5% 浓度的甲醛溶液消毒。病畜死后立即就地用氢氧化钠或 5% 浓度的甲醛溶液消毒，不放血焚烧或在至少 2m 的深坑中加生石灰掩埋。同群牲畜应立即预防注射炭疽杆菌芽孢菌苗和免疫血清，并进行隔离观察。炭疽经过病畜感染人的主要方式是皮肤接触或空气吸入，也可经由被污染的食品使人感染胃肠型炭疽，屠宰人员应进行青霉素预防注射，并用 2% 浓度来苏尔液对手、衣服进行消毒，工具也应煮沸消毒。

（2）鼻疽是马、骡、驴比较多发的一种烈性传染病，病原体为鼻疽杆菌，可经消化道、呼吸道及损伤的皮肤和结膜感染。患鼻疽病的牲畜鼻腔、喉头和气管可见粟粒状大小结节及高低不平、边缘不齐的溃疡，肺、肝和脾有粟粒至豌豆大结节。病死牲畜的处理同炭疽病。

（3）口蹄疫的病原体为口蹄疫病毒。以牛、羊、猪等偶蹄兽最易感染，是高度接触性人畜共患传染病，病畜主要表现是口角流涎呈线状，口腔黏膜、齿龈、舌面和鼻翼边缘出现水泡，水泡破裂后形成烂斑；猪的蹄冠、蹄叉也会出现水泡。

凡患口蹄疫的牲畜，应立即屠宰，同群牲畜也应全部屠宰。体温升高的病畜肉、内脏应高温处理；体温正常的牲畜的去骨肉及内脏需经熟处理后才能食用。屠宰场所、工具和衣服应进行消毒。

（4）猪瘟、猪丹毒及猪出血性败血症是猪的常见传染病。猪丹毒可经皮肤接触传染给人；猪瘟和猪出血性败血症不感染人，但猪患病时，全身抵抗力下降，其肌肉和内脏往往伴有沙门菌继发感染，易引起人的食物中毒。

（5）囊虫病的病原体为无钩绦虫（牛）或有钩囊虫（猪）。牛、猪是绦虫的中间宿主，幼虫在猪和牛的肌肉组织内形成囊尾蚴，多寄生在舌肌、咬肌、臀肌、深腰肌和膈肌中。受感染的猪肉一般称为"米猪肉"，肉眼可见白色、绿豆大小、半透明的水泡状包囊。人食入含有囊尾蚴的病畜肉后，会感染绦虫病，并成为绦虫的终末宿主。病畜肉凡是 40 cm 肌肉上囊尾蚴少于 3 个的，可用冷冻或盐腌法处理后再食用；4～5 个的，应采用高温处理；6 个及以上时，禁止食用，可销毁或用作工业原料。

（6）旋毛虫病的病原体是旋毛虫，多寄生在猪、狗、猫、鼠等动物体内，主要寄生在膈肌、舌肌和心肌，而以膈肌最为常见。旋毛虫包囊随病畜肉进入人体后，7 d 左右会在肠道内发育为成虫，并产生大量新幼虫钻入肠壁经血流向肌肉，移行到身体各部分，损害人体健康。患者逐渐出现恶心、呕吐、腹泻、高热、肌肉疼痛等症状。人患旋毛虫病在临床诊断和治疗上均比较困难，故必须加强肉类食品的卫生管理。取病畜两侧膈肌角各一块，重约 20 g，分剪成 24 个肉块，在低倍镜下观察，24 个检样中旋毛虫不超过 5 个时，肉可以经高温处理后食用，超过 5 个时则销毁或做工业原料，脂肪可炼食用油。

（7）结核由结核杆菌引起，牛、羊、猪和家禽等均可感染，牛型和禽型结核杆菌可传染给人。患畜全身消瘦，贫血、咳嗽、呼吸音粗糙，颌下、乳房及其他体表淋巴结肿大变硬，局部病灶有大小不一的结节，呈半透明或白色，也可呈干酪样钙化或化脓等。如结核杆菌侵犯淋巴结，可见肿大化脓，切面呈干酪样。患全身性结核时，脏器及表面淋巴结可同时呈现病变。病畜肉处理时，全身性结核且消瘦的病畜全部销毁，不消瘦者则切除销毁病变部分，其余部分经高温处理后食用。个别淋巴结或脏器有结核病变时，局部废弃，其他部位仍可食用。

3. 宰前死因不明

应先检查畜肉是否放过血，放过血是活宰，未放过血则为死畜肉。死畜肉的特点是肉色暗红，肌肉间毛细血管淤血，切开肌肉用刀背按压，可见暗紫色淤血溢出。若死畜肉来自病死、中毒或外伤死亡牲畜，如为一般疾病或外伤死亡，又未发生腐败变质的，可经高温处理后食用；如为人畜共患疾病，则不应轻易食用；死因不明的畜肉，一律不得食用。

4. 药物残留

动物用药包括抗生素、抗寄生虫药、激素及生长促进剂等。常见的抗生素类有内酰胺类（青霉素、头孢菌素）、氨基糖苷类（庆大霉素、卡那霉素、链霉素、新霉素）、四环素类（土霉素、金霉素、四环素、多西环素）、大环内酯类（红霉素、螺旋霉素）、多肽类（黏菌素、杆菌肽）及氯霉素、新生霉素等；合成的抗生素有磺胺类、喹啉类、呋喃唑酮、抗原虫药；天然型激素有雌二醇、黄体酮；抗寄生虫药有苯异咪唑类等。

畜禽的治疗一般用药量大，持续时间短；而饲料中的添加用药则量少，但持续时间长。两者都可能会在畜禽肉体中残留，或致中毒，或使病菌耐药性增强，危害人体健康。世界卫生组织于 1969 年建议各国对动物性食品中抗生素残留量制定标准。我国已制定畜禽肉中土霉素、四环素、金霉素残留量标准和畜禽肉中乙烯雌酚的测定方法。

5. 使用违禁饲料添加剂

常见的有给老牛注射番木瓜酶以促进肌纤维的软化，冒充小牛肉高价出售；给圈养的鸡投喂砷饲料，使鸡皮发黄冒充放养鸡高价出售；给畜肉注水以加大重量等。

（二）肉类食品的卫生要求

在我国食品卫生标准中，鲜猪肉、鲜羊肉、鲜牛肉、鲜兔肉、鲜禽类以及各类肉制品均有卫生标准。鲜猪肉卫生标准（感官指标）见表7-2，鲜禽肉卫生标准（感官指标）见表7-3，鲜猪肉卫生指标（理化指标）见表7-4。

表7-2　鲜猪肉卫生标准（感官指标）

项目	新鲜肉	次鲜肉	变质肉（不能食用）
色泽	肌肉有光泽，红色均匀，脂肪洁白	肉色稍暗，脂肪缺乏光泽	肌肉无泽，脂肪呈灰绿色
黏度	外表微干或微湿润，不黏手	外表干燥或黏手，新切面湿润	外表极度干燥、新切面发黏
弹性	指压后的凹陷立即恢复	指压后的凹陷恢复慢且不能完全恢复	指压后的凹陷不能恢复，留有明显痕迹
气味	具有新鲜猪肉的正常气味	有氨味或酸味	有臭味
肉汤	透明澄清，脂肪团聚于表面有香味	稍有浑浊，脂肪呈小滴浮于表面，无鲜味	浑浊，有黄色絮状物，表面脂肪极少，有臭味

表7-3　鲜禽肉卫生标准（感官指标）

项目	新鲜肉	次鲜肉	变质肉（不能食用）
眼球	眼球饱满	眼球皱缩凹陷，晶体稍浑浊	眼球干缩凹陷，晶体浑浊
色泽	皮肤有光泽，呈淡黄、淡红、灰白或灰黑色，肌肉切面有光泽	皮肤色泽转暗，肌肉切面有光泽	体表无光泽，头颈部常带暗褐色，肌肉松软，呈暗红色，光泽呈淡绿色或灰色
黏度	外表微干或湿润，不黏手	外表干燥或黏手，新切面湿润	外表干燥或黏手，新切面发黏
弹性	指压后凹陷立即恢复	指压后凹陷恢复慢且不能完全恢复	指压后凹陷不能恢复，留有明显压痕
气味	具有禽肉固有香味	腹腔内有轻度不快味	体表和腹腔均有不快味
肉汤	透明清澈，脂肪团浮于表面具有特有香味	稍有浑浊，脂肪小滴浮于表面香味差	浑浊，有白色或黄色絮状物，并有腥臭味

表7-4　鲜猪肉卫生指标（理化指标）

指标		标准
挥发性盐基氮（mg/100g）	新鲜肉	<15
	次鲜肉	15~30
	变质肉	>30
汞/（mg/kg）		<0.05
六六六/（mg/kg）	肥瘦肉（鲜重）	<0.5
	纯鲜肉（脂肪）	<4
DDT/（mg/kg）	肥瘦肉（鲜重）	<0.5
	纯鲜肉（脂肪）	<2

二、水产类食品的卫生

水产品是鱼、虾、蟹和贝类等的统称，以鱼类为主。一方面，水产品营养丰富，味道鲜美，易于消化吸收，是很好的烹饪原料。另一方面，水产品含水量高，肉质细嫩，适宜细菌的生长繁殖。水产品体内的酶活性强，不饱和脂肪酸含量高，因此更容易腐败变质。另外，水产品能传染某些人畜共患疾病，有些自身还含有毒素，所以必须注意水产品原料的卫生质量问题。

（一）水产类食品主要卫生问题

1. 腐败变质

活鱼的肉一般是无菌的，但鱼的体表、鳃及肠道中均含有一定量的细菌。当鱼体开始腐败时，体表层的黏液蛋白被细菌酶分解，浑浊并有臭味；表皮结缔组织被分解，会致使鱼鳞易于脱落；眼球周围组织被分解，会使眼球下陷、浑浊无光；鳃部则在细菌的作用下由鲜红变成暗褐色并带有臭味；肠内细菌大量繁殖产气，使腹部膨胀，肛门膨出；最后肌肉与鱼骨脱离，发生严重的腐败变质。

2. 寄生虫病

食用被寄生虫感染的水产品会引起寄生虫病。在我国主要有华支睾吸虫（肝吸虫）及卫氏并殖吸虫（肺吸虫）两种。预防华支睾吸虫应当采取治疗病人、管理粪便、不用新鲜粪便喂鱼，不吃鱼生粥等综合措施；预防卫氏并殖吸虫病最好的方法是加强宣传不吃生鱼、生蟹、生泥螺，石蟹或蝲蛄要彻底煮熟方可食用。

3. 工业废水污染

工业废水中的有害物质未经处理排入江河、湖泊，污染水体进而污染水产品，食用后可引起中毒。选购时尽量避免来自严重污染地区的产品。近年来关于国外有鱼类等水产品受放射性污染的报告，亦应引起重视。

（二）水产品的卫生标准

我国食品卫生标准对各类水产食品均有规定。鱼类、虾类、蟹类、贝类的卫生标准见表7-5至表7-8。

表7-5　鱼类卫生标准（感官指标）

部位	新鲜鱼	次鲜鱼
体表	胆色鲜红,丝清晰；体表有透明黏液，有光泽，鱼鳞紧贴完整；腹部完整不膨胀	胆呈褐色至灰白色，有浑浊黏液，体表黏液污，鳞无光泽易脱落；腹部不完整，膨胀破裂或凹下
眼球	眼球饱满，角膜透明	眼球塌陷，角膜混浊
弹性	肌肉有弹性，肌肉横断面有光泽	肌肉松软无弹性，易与骨刺分离
气味	无异味	有异味

表7-6　虾类卫生标准（感官指标）

部位	鲜虾	不新鲜虾
体表	肉质精密，有弹性	肉质柔软，无弹性
弹性	气味正常	有氨臭味
气味	鲜虾	不新鲜虾

表7-7　蟹类卫生标准（感官指标）

部位	鲜蟹	不新鲜蟹
体表	壳纹理清楚用手指夹持背腹，两面平置，脚爪伸直不下垂	蟹壳纹理不清
弹性	肉质坚实	蟹脚下垂并易脱落
气味	气味正常	体轻有异味

表7-8　贝类卫生标准（感官指标）

新鲜贝壳	不新鲜贝壳
体大质肥，颜色新鲜有光泽，受刺激时贝壳紧闭，两贝壳相撞时发出实响	色泽暗淡，贝壳易张开，两贝壳破缺或相撞时发出空响，壳揭开后水汁混浊而略带微黄色

我国水产品卫生管理办法还对供食用的其他水产品有如下规定：

①黄鳝、甲鱼、乌龟、河蟹、青蟹、小蟹、各种贝类等，已死亡者均不得出售和加工。

②含有自然毒素的水产品：鲨鱼、鲅鱼、旗鱼必须除去肝脏，鳇鱼应去除肝、卵，河豚鱼有剧毒，不得流入市场。

③凡青皮红肉的鱼类，如鲣鱼、参鱼、鲐鱼、金枪鱼、秋刀鱼、沙丁鱼等易分解产生大量组胺，出售时必须注意鲜度质量；凡因化学物质中毒致死的水产品均不得供食用。

④咸鱼和鱼松的卫生标准：咸鱼的原辅料应为良质鱼，食盐中不得含嗜盐沙门菌，氯化钠含量应在95%以上。盐腌场所和咸鱼体内不得含有干酪蝇及鲣节甲虫的幼虫。制作鱼松的原料鱼质量必须得到保证，先经冲洗清洁并干蒸后，用溶剂抽去脂肪再进行加工，其水分含量为12%～16%，色泽正常、无异味。

（三）水产品的储存

1. 鱼的保鲜

鱼的保鲜通常采用低温保藏或盐腌，抑制鱼体内酶的作用和微生物的生长繁殖，达到延缓僵直和自溶的目的。

（1）冷却：常见的有冰鲜法、冰盐混合法和海水冷却法。冰鲜法将鲜鱼放在包装容器或冰箱内，一层鱼一层冰，然后密封或包装起来，冰将新鲜鱼的体温降低到 -1 ℃左右，一般可保存 5 ~ 14 d。

（2）冷冻、冷藏：将鲜鱼洗涤后，装在 15 kg 或 20 kg 的铁盘内，在 -25 ℃以下速冻 18 ~ 24 h，然后贮存在 -20 ~ -15 ℃的冷库中，湿度维持在 80% 左右，可保存半年以上。冻结前应避免鱼体损伤，并用低于 20 ℃的水冲洗和漂洗，在 0 ℃ ~ 5 ℃预冷后低温快速冻结。

（3）盐腌：一般盐腌食盐用量在春季三四月份不应低于 15%，随着气温的升高，可逐步增大用盐量，但不应超过 25%。

2. 虾的保鲜

虾类冷藏要剪去虾须，冷藏时，容器里先放一层水，再撒一层盐，中心放一块冰块，然后将对虾围绕冰块直立摆 3 层，上面再盖一层冰，最后用麻袋或草袋封口。小虾直接与冰一起存放即可。

3. 蟹的保管

活蟹可放在篓或篮中，蟹腹朝下，紧密排好，宜用冰水镇静一次，以限制其活动，防止消瘦。一般不建议食用死蟹。

三、蛋类及蛋制品卫生

蛋类营养价值很高，价格相对便宜，是人们经常食用的食品。常食用的蛋类有鸡蛋、鸭蛋、鹅蛋、鸽蛋、鹌鹑蛋等，其中以鸡蛋、鸭蛋的食用最为普遍。

（一）蛋类及蛋制品的主要卫生问题

1. 微生物污染

微生物可通过不健康的母禽及附着在蛋壳上而污染禽蛋。患病母禽生殖系统的杀菌能力减弱，食用含有病菌的饲料后，病原菌可通过血液循环侵入卵巢，使蛋黄在形成过程中造成污染。常见的致病菌是沙门菌，如鸡白痢沙门菌、鸡伤寒沙门菌等。鸡、鸭、鹅都易受到病菌感染，特别是鸭、鹅等水禽的感染率更高。为了防止细菌感染引起的食物中毒，一般不允许用水禽蛋作为糕点原料。水禽蛋必须煮沸 10 min 以上方可食用。附着在蛋壳上的微生物主要来自禽类的生殖腔、不洁的产蛋场所及储放容器等。污染的微生物可从蛋壳上的气孔进入蛋体。常见细菌有假单胞菌属、无色杆菌属、变性杆菌属、沙门菌等 16 种之多，受污染蛋壳表面的细菌可达 400 万 ~ 500 万个，污染严重者可达 1 亿个以上。真菌可经蛋壳的裂纹或气孔进入蛋内。常见的有分支孢霉、黄霉、曲霉、毛霉、青霉、白霉等。

微生物的污染可使禽蛋发生变质、腐败。新鲜蛋清中含有溶菌酶，有抑菌作用，一旦抑菌作用丧失，腐败菌将在适宜的条件下迅速繁殖。蛋白质在细菌蛋白水解酶的作用下，逐渐被分解，使蛋黄系带松弛和断裂，导致蛋黄移位，如果蛋黄贴在壳上称为"贴壳蛋"；随后蛋黄膜分解，使蛋黄散开，形成"散黄蛋"；如果条件继续恶化，则蛋清和蛋黄混为一体，称为"浑汤蛋"。这类变质、腐败蛋若进一步被细菌分解，蛋白质则变为蛋白胨、氨基酸、胺类和羧酸类等，某些氨基酸则分解形成硫化氢、氨和胺类化合物及粪臭素等产物，而使禽蛋出现恶臭味。禽蛋受到真菌污染后，真菌在蛋壳内壁和蛋膜上生长繁殖，形成肉眼可见的大小不同暗色斑点，称为"黑斑蛋"。

2. 化学性污染

鲜蛋的化学性污染物主要是汞，可由空气、水和饲料等途径进入禽体内，致使蛋中汞含量超标。此外，农药、激素、抗生素以及其他化学污染物均可通过禽饲料和饮水进入母禽体内，残留于蛋中。

3. 其他卫生问题

鲜蛋可通过气孔进行内外气体交换，因此具有吸收异味的特性。如果在收购、运输、储存过程中与农药、化肥、煤油等化学物品以及蒜、葱、鱼、香烟等有异味或腐烂变质的动植物放在一起，就会使鲜蛋产生异味，影响食用。

受精的禽蛋在25℃～28℃下开始发育，在35℃时胚胎发育较快。首先在胚胎周围产生鲜红的小血圈形成血圈蛋，其次逐步发育成血筋蛋、血环蛋，若胚胎已形成则为孵化蛋，若在发育过程中胚胎死亡则形成死胚蛋。胚胎一旦发育，蛋的品质就会显著下降。

（二）卫生要求

1. 蛋类感官指标

蛋壳清洁完整，灯光透视时，整个蛋呈橘黄色至橙红色，蛋黄不见或略见阴影。打开后蛋黄凸起、完整、有韧性，蛋白澄清、透明、稀稠分明，无异味。

2. 理化指标

汞含量（以 Hg 计）≤0.03mg/kg。

（三）鲜蛋的储存

鲜蛋的蛋壳表面有一层黏液，干燥后形成薄膜，能保护鲜蛋免受微生物侵袭，防止蛋内水分蒸发，因此取蛋时应轻拿轻放，暂时不食用的蛋不要水洗。

鲜蛋的适宜保存温度为1℃～5℃，相对湿度为85%～97%，可保存5个月。鲜蛋自冷库取出后，应先经预暖室预暖一段时间，以免蛋壳表面凝结水滴，滋生微生物。无冷藏条件可将蛋短期存放在木屑或谷糠中，并定期翻动，防止久藏引起霉变。

四、奶及奶制品的卫生

奶及奶制品营养丰富，蛋白质含量高，易于消化吸收，是人们日常生活中的重要食品。

（一）奶及奶制品的主要卫生问题

奶及奶制品的主要卫生问题是微生物污染及有毒有害物质污染。

1. 微生物污染

一般情况下，刚挤出的奶中存在的微生物可能有细球菌、八联球菌、荧光杆菌、酵母菌和真菌；如果卫生条件不好，还会有枯草杆菌、链球菌、大肠杆菌、产气杆菌等。这些微生物主要来源于乳房、空气和水，所以即使在较理想的条件下挤奶也不会是完全无菌的。但刚挤出的奶中含有溶菌酶，有抑制细菌生长的作用。奶的保存时间与奶中存在的菌量和放置温度有关，当奶中细菌数量少，放置环境温度低，保存时间就长，反之就短。一般生奶的抑菌作用在 0 ℃下保持 48 h，5 ℃时可保持 36h，10 ℃时可保持 24 h，25 ℃时可保持 6h，而在 30 ℃下仅能保持 3h。因此，奶挤出以后应及时冷却，以免微生物大量繁殖导致腐败变质。

2. 致病菌污染

（1）挤奶前的感染：动物感染的致病菌，主要通过乳腺进入奶中。常见的致病菌有牛型结核杆菌、布氏杆菌、口蹄疫病毒、炭疽杆菌和能引起牛乳房炎的葡萄球菌、放线菌等。

（2）挤奶后的污染：包括挤奶时和奶挤出后至食用前的各个环节中受到的污染。致病菌主要来源于挤奶员的手、挤奶用具、容器、空气和水，以及畜体表面。致病菌有伤寒杆菌、副伤寒杆菌、痢疾杆菌、白喉杆菌及溶血性链球菌等。

（3）有毒有害物质残留：病牛使用过的抗生素，饲料中真菌的有毒代谢产物、农药残留、重金属和放射性核素等对奶的污染。

（4）掺伪：除掺水以外，牛奶中可能含有其他掺入物。

①电解质类：盐、明矾、石灰水等。这些掺伪物质，有的可以增加比重，有的可以通过中和牛奶的酸度以掩盖牛奶变质。

②非电解质类：以真溶液形式存在于水中的小分子物质，如尿素。

③胶体物质：一般为大分子液体，以胶体溶液、乳浊液形式存在，如米汤、豆浆等。

④防腐剂：如甲醛、硼酸、苯甲酸、水杨酸等，少数人为掺入的青霉素等抗生素等。

⑤其他杂质：掺水后为保持牛奶表面活性而掺入洗衣粉，也有掺入白硅粉、白陶土的，更严重的是掺入污水和病牛奶。

（二）卫生要求

1. 消毒奶

消毒牛奶的卫生质量应符合巴氏杀菌乳的国家标准。

（1）感官指标：消毒奶是色泽为均匀一致的乳白或微黄色，具有乳固有的滋味和气味，无异味、无沉淀、无凝块、无黏稠物的均匀液体。

（2）理化指标：脂肪含量 ≥3.1%，蛋白质含量 ≥2.9%，非脂固体含量 ≥8.1%，杂质度含量 ≤2mg/kg，酸度（°T）≤18.0。

（3）卫生检验：硝酸盐含量（以 $NaNO_3$ 计）≤11.0 mg/kg，亚硝酸盐含量（以 $NaNO_2$ 计）≤0.2mg/kg，黄曲霉毒素（Ml）含量 ≤0.5 g/kg，菌落总数 ≤30 000 CFU/mL，大肠菌群 MPn ≤90 个 /100 mL，不得检出致病菌。

2. 奶制品

奶制品包括炼乳、各种奶粉、酸奶、复合奶、奶酪和含奶饮料等。各种奶制品均应符合相应的卫生标准。如乳和乳制品管理办法规定，在乳汁中不得掺水和加入其他任何物质；乳制品使用的添加剂应符合国家标准，用作酸奶的菌种应纯良、无害；乳制品包装必须严密完整，乳品商标必须与内容相符，必须注明品名、厂名、生产日期、批量、保存期限及食用方法。

（1）全脂奶粉的感官性状应为浅黄色、具纯正乳香味、干燥均匀的粉末，经搅拌可迅速溶于水中不结块。全脂奶粉卫生质量应符合国家标准。凡有苦味、腐败味、霉味、化学药品和石油等气味时禁止食用，作废弃品处理。

（2）炼乳为乳白色或微黄色、有光泽、具有牛乳滋味、质地均匀、黏度适中的黏稠液体。酸度（°T）≤48、铅 ≤0.5 mg/kg、铜 ≤4 mg/kg、锡 ≤10 mg/kg。其他理化及微生物指标应符合国家标准。凡具有苦味、腐败味、霉味、化学药品和石油等气味或胀罐的炼乳应做废弃品处理。

（3）酸奶是以牛奶为原料添加适量砂糖，经巴氏杀菌和冷却后加入纯乳酸菌发酵剂，保温发酵而制成的产品。酸奶呈乳白色或略显微黄色，具有纯正的乳酸味，凝块均匀细腻，无气泡，允许少量乳清析出。制果味酸奶时允许加入各种果汁，加入的香料应符合食品添加剂使用卫生标准的规定。酸牛奶在出售前应贮存在 2℃～8℃的仓库或冰箱内，储存时间不应超过 72h。当酸奶表面生霉、有气泡和有大量乳清析出时不得出售和食用。其他理化微生物等指标也应符合国家卫生标准。

（4）正常奶油为均匀一致的乳白色或浅黄色，组织状态柔软、细腻，无孔隙和无析水现象，具有奶油的纯香味的半固体。凡有霉斑、腐败、异味（苦味、金属味、鱼腥味等）的做废品处理。其他理化指标微生物等指标应符合奶油的国家卫生标准。

第三节　调味品、食用油脂和其他食品的卫生要求

一、调味品

调味品是指在烹饪过程中，加入后能起到调节食品的色、香、味作用的物品。调味品的品种很多，主要有天然调味品、粉末状调味品、油状调味品、酿造调味品等四大类。常用的调味品有盐、酱油、醋、糖、味精等。

调味品是盐的重要来源，钠是细胞间液的重要成分，对维持体内酸碱平衡、组织间的渗透及肌肉神经兴奋性等有重要作用，当人体缺盐时，会出现全身无力、头痛、目晕、肌肉痉挛疼痛等症状；若长期过多摄入钠盐会导致高血压及视网膜模糊等，一般认为正常成人食盐推荐摄入量为 4～7 g/d。

盐有 4 种来源，包括海盐、湖盐、井盐及矿盐。海盐又包括原盐、洗粉盐、精制盐。我国食用盐以原盐为主，大中城市食用精制盐和洗粉盐较多。海盐占我国食盐总产量的 75%～80%，我国河北、山东、江苏、浙江、广东、福建等地是海盐的主产区。湖盐是我国内蒙古、陕西、甘肃、宁夏、青海、新疆等地居民的主要食用盐，一般可不经加工直接食用。井盐、矿盐是我国湖北、云南、四川等地居民的主要食用盐。

（一）食盐

1. 食盐的主要卫生问题

食盐的主要卫生问题是井盐、矿盐的杂质及精制盐、强化盐的添加剂问题。我国矿盐中硫酸钠含量较高，使食盐有苦涩味道，并影响食物的消化吸收，应经脱硝法去除；矿盐、井盐含有可溶性钡盐，钡盐是肌肉毒素，短时间大量摄入将引起急性中毒导致死亡，长期少量摄入将引起慢性中毒，临床表现为全身麻木刺痛、四肢乏力，严重者可出现弛缓性瘫痪；另外有些地区的矿盐、井盐中含氟较多。食盐卫生标准规定食盐中钡含量不超过 20 mg/kg、矿盐中氟含量不超过 5 mg/kg。另外，应注意精制盐中抗结剂亚铁氰化钾的使用量及碘强化盐中碘化钾的纯度、用量问题。

2. 食盐的卫生学检验指标

①良好的食盐为干燥白色的结晶，无臭味，有纯咸味。

②食盐中水分和水不溶物应在规定的界限内。

③食盐中应含有一定的碘、钙、镁及硫酸盐等不纯物，但含量不可多。

④食盐中不得检出有害重金属。

3. 食用粗盐更有益于健康

食盐的主要成分是氯化钠，氯化钠起到促进渗透作用，如食物经过消化变为可溶液体后，必须有足够的浓度，才能通过各种细胞膜渗透到血液中，从而将其中的养分送往人体各部组织。粗盐含氯化钠 85% ～ 90%，精盐含 90% 以上。粗盐氯化钠含量虽比精盐含量少一些，但还含有钙、铁、钾、碘、镁的微量化合物。这些化合物都是人体必需的物质。日常饮食中使用粗盐，对身体健康是有好处的。

4. 食用农盐的害处

食盐是经过国家检查验收的，符合食用标准，而农盐是用作肥料使用，其杂质和污秽较多，故不符合食月标准。食盐氧化钠含量在 90% 以上，而农盐中氯化钠含量在 60% 以下，且含有很多杂质，人们食用这种盐会损害身体健康。

（二）酱油

1. 酱油的主要卫生问题

酱油类可作为烹调的作料或直接生食，酱油中的微生物污染直接关系到人体健康。酱油中常带有大量细菌，甚至条件致病菌或致病菌。经微生物污染的酱油，含氮物质将被分解，糖被发酵成有机酸，产品质量下降。温度较高的夏秋季，产膜性酵母污染会使酱油表面生成一层白膜，使酱油失去食用价值；在细菌污染的同时可能引起相应的肠道传染病或食物中毒。

2. 酱油的卫生学评价

①酱油应该有习惯上认为良质的正常外观、色泽、气味和滋味。

②酱油不应该有微生物活动而引起的败坏现象。

③制造化学酱油中被水解的含蛋白质原料应为在经验上、实践上认为可食用的无毒物质，并应保证新鲜，不发霉或腐败变质。

④酱油的密度、盐分、总固体、总氮及氨基酸态氮量应不低于标准规定。

⑤酱油中酸度、胺盐及重金属含量应在标准规定的界限数以内。

⑥酱油中不得使用有害防腐剂，若加入苯甲酸或其钠盐，含量应不超过 0.1%。

⑦有大肠杆菌检出的酱油，如感官性状无改变，应经煮沸后再做调味用。

3. 酱的卫生

酱可经加热食用或作为烹调的作料，有时可不经加热直接食用。因此酱中不得带有肠道致病菌。为防止酱被污染，对其发酵及存贮容器须进行严格的洗刷和消毒。专用的缸、桶、罐等容器和发酵簸、盘等均应及时洗刷。晒酱胚的场所和酱缸周围，应采取有效的灭蛹措施，如换土、盖土，加石灰或六六六等。生产车间必须备有防尘、防蝇、防鼠设备。酱的总酸含量以乳酸计不得超过 2%，黄酱的食盐含量不得低于

12%。酱中的铅、砷、黄曲霉毒素含量要求和酱油相同。

4. 选购优质酱油

优质酱油具有正常酿造酱油的色泽、气味和滋味，无不良气味，不得有酸、苦、涩等异味和霉味，不混浊，无沉淀，无霉花浮膜。一般优质酱油的颜色应是红褐色或棕褐色，有光泽不发乌，体态澄清，无沉淀物和霉花浮膜，闻之有酱香和酯香气，无其他不良气味，尝时应甜咸适口，味鲜醇厚、柔和，不得有苦、酸、涩等异味。反之则是劣质酱油。鉴别酱油质量的优劣，只以看酱油色浓不浓为标准是不准确的。因为酱色浓不浓是加糖色多少而定的。糖色加多了，对人体健康没有多大好处。

5. 防止酱油生霉花

酱油生霉花主要是因为酱油本身的营养丰富，容易滋长微生物。当室温超过了15 ℃，不怕高盐环境的"产膜性酵母菌"落到酱油内，很快就会发芽生长，在酱油表面形成一层白膜，应用下列方法防止：

①容器消毒。用来盛装酱油的容器，必须用开水烫洗干净。较大的容器在里面点燃硫磺烟熏，密闭熏一天即可。

②加防腐剂。用于酱油的防腐剂有四氯对醌、水杨酰基、邻甲苯胺、苯甲酸钠等。前三种防腐剂每 100 kg 酱油中只需 1g 就可收效；而苯甲酸钠每 50 kg 需 25 ~ 50 g。

③添加食盐。市场上出售的普通酱油，含盐量为 8% ~ 20%。天气炎热时可适当加盐，增加防腐能力。当酱油含盐量为 24% 时，可以长时间不生霉花。

④每天早晨用木棍在酱油缸里搅动一次，可以防止霉花产生。

⑤库房温度要低，并早晚通风。

⑥家庭存放酱油，瓶子必须先经沸水烫过再使用，并在酱油瓶中加少许芝麻油或烧熟的花生油，让油面连成一片，使酱油与空气隔离，并且存放在阴凉处，可以防止生霉花。

⑦在酱油里放上生姜、葱、蒜、花椒、辣椒或桂皮，可以起到防止生霉的作用。添加数量，如果生姜等是新鲜的，加 5% 左右；干料则加 1% 左右。一般 1 kg 酱油放 50g 葱或蒜的细块。生姜等本身既是蔬菜又是调味料，所以用量不受严格限制，可以根据每个人的口味来选择品种和增减用量。生姜等放进酱油瓶以后，瓶盖要盖严，以防植物杀菌素挥发。

⑧酱油生了霉花，可用干净的纱布过滤，然后加热至 80 ℃，维持 20 ~ 30 min 后，经冷却再倒入瓶中。

（三）醋

1. 食醋的卫生问题

食醋含有 3% ~ 5% 的醋酸，有芳香气味。食醋中不能含有游离矿酸（无机酸），食醋不应与金属容器接触。食醋中含铅量不得超过 1 mg/L，砷含量不得超过 0.5 mg/L，黄曲霉含量不得超过 5 ug/kg。人工合成醋是用食用冰醋酸稀释制成，但冰醋酸具有一定的腐蚀作用，故规定合成醋中醋酸含量为 3% ~ 4%，其他卫生要求与食醋相同。制造食醋时，应遵守卫生规定，所有用具应在使用前刷洗干净，保持清洁，防止生霉，避免醋鳗或醋虱产生。发酵中或发酵后的醋中，如发现醋鳗或醋虱，可将醋在 72℃ 下加热数分钟，然后过滤去除。

2. 对食醋的卫生学评价

①因醋鳗而混浊及生霉的醋均属不良，不宜食用。

②食醋中不可含有辛味物及游离矿酸。

③醋中不得加入除焦糖以外的任何色素。

④醋中不得检出有害防腐剂，如必须加入苯甲酸或其钠盐时，用量应不超过 0.1%。

⑤醋中重金属含量必须在标准规定的界限数以内。

⑥食醋应具有正常酿造食醋的色泽、气味和滋味，不涩，无其他不良气味和异味，不混浊，无悬浮污垢及沉淀物，无霉花浮膜，无醋鳗。

3. 食醋在烹调中的作用

质量好的醋，酸而味甜，带有香味，既是调味佳品，又是良好的酸性健胃剂，有增强食欲、帮助消化的作用。烧菜时加醋，可以促进钙、磷、铁等成分的溶解，从而被人体吸收利用。烧鱼时加醋可去除腥味，使鱼骨中的钙、磷溶解出来，提高食物的营养价值；烧牛羊肉等食物时加醋，肉质就容易软烂；炖肉或排骨时放醋，可使肉骨易炖易熟；煮甜粥时加醋，会使甜粥更甜；易于变质发馊的荤食品在烹调时加醋，会比较容易保存。

（四）糖

1. 分类

食糖按颜色可分为白糖、红糖和黄砂糖。它们在外观上的明显区别是颜色不同。食糖颜色的深浅反映了制糖过程中除杂脱色的程度和产品质量的高低。

食糖按经营习惯可分为白砂糖、绵白糖、赤砂糖、红糖、方糖、冰糖及进口原糖等。各种糖的特点如下：

①白砂糖色泽洁白发亮，颗粒大如砂粒，晶粒均匀整齐，糖质坚硬，松散干燥，滋味纯正，无杂味，杂质、还原糖含量极少，是食糖中含蔗糖最多、纯度最高的品种，

也是较易储存的一种食糖。近年来由原糖再加工的精制白砂糖，色泽更加白净，灭菌程度高，包装严密，适宜直接食用。

②绵白糖简称绵糖。色泽雪白，颗粒细小，质地绵软、潮润，入口或入水溶化快，溶解于清洁的水中时为清晰透明的糖水溶液，不带杂质，食用时比较方便，但在经营过程中，不易保管。

③赤砂糖也称红糖。这是机制糖生产中的三号糖。由于不经过洗蜜环节，表面附着糖蜜较多，不仅还原糖含量高，而且非糖的成分如色表、胶质等含量也较高。所以赤砂糖的色泽较深暗，并深浅不一，有红褐、黄褐、青褐、赤红等，晶粒较大，食用时有糖蜜味，有时还有焦苦味，水分、杂质和还原糖含量较多。干燥易结块，潮湿易溶化、流卤，不易保管。

④红糖是用手工制成的一种土糖，呈粉末状时称红糖粉。肉眼看不到红糖的蔗糖晶粒，颜色有金黄、淡黄、枣红、赤红等。红糖口味纯正，具有甘蔗的清香味，颜色金黄，色泽鲜明呈粉末状，干燥松散，很少有结团现象的红糖质量最好。甜度与赤砂糖大体相仿，但其质量并不低于赤砂糖。但因水分、杂质和还原糖含量较多，加上色泽深、晶粒细，易吸潮融化，故不宜长期储存。

⑤方糖是以白砂糖为原料，经过磨细、潮湿、压制、干燥而成的砂糖再制品。方糖形状呈正六面体，表面平整，没有裂纹、缺边、断角，没有凸起砂粒，颜色洁白、美观，富有光泽，品质纯净，溶解速度快，糖液清晰透明无杂质，口味清甜无异味。方糖主要用于饮料增甜，如饮用牛奶、咖啡、红茶时加入适量方糖，取用方便，便于携带。

⑥冰糖是白砂糖的再制品，以白砂糖为原料，经过加水溶解、除杂、清汁，蒸发浓缩慢冷却结晶而成，因晶形如冰，故称冰糖。它的色泽有白色、微黄、微红或深红之分，有透明的，也有半透明的。质量以纯净透明者为佳。冰糖少杂质，味清甜，除供应食品、医药工业需要外，一般消费者在冬令期间还可作为滋补性食品。近年来，市场上出现了一种单晶体冰糖，它是以冰糖的碎块作为原料，经过滤、除杂，在真空结晶缸中制成的单晶体冰糖，或称"机制冰糖"。这种冰糖块形完整，个粒均匀，结晶组织严密，不易破碎，杂质极少，甜味纯正，外表美观，便于保管。

⑦进口原糖也叫粗糖，是国外生产的未经洗蜜的一种半成品糖，可用于工业或复制生产。如供民用，可加工成精制白砂糖或改棉糖。目前，我国进口的原糖，主要来自古巴、巴西、澳大利亚等国。进口白砂糖，目前主要来自西欧国家生产的甜菜糖，晶粒较粗，颜色较白。

⑧果葡糖浆又称异构糖。这种糖是由淀粉通过微生物酶的水解生成葡萄糖，然后再由葡萄糖异构酶转化成葡萄糖与果糖的混合体。它的甜度介于蔗糖（砂糖）与果糖之间。相对甜度，如以砂糖为100，则果糖为150，而异构糖为90～120。

2. 检验糖果的化学指标

①含水量。根据所在地区的气候特点和季节、产品的不同制定合理的含水量标准。以同一班次生产的同品种、同规格的产品为一批进行检验，测定含水量用真空干燥法。

②总还原糖。根据标准以同一班次生产的同品种、同规格的产品为一批进行检验，总还原糖的测定用直接滴定法。

上述含水量及总还原糖的检查测定，一般情况下由生产工厂的检验部门在产品出厂前，按照规定的质量标准进行检测，产品合格才允许出厂。

3. 储存糖果时应注意的卫生问题

①库房卫生。存放糖果的库房，应干燥、清洁、凉爽，地势较高，墙壁和库顶严密，使空气不易流入。库内应铺设垫板，有防风雨和阳光照射的设备。不能与有异味或含水量高且吸湿性较强的商品堆放在一起。

②检验工作。每批糖果入库前，必须检查糖果有无变质，包装是否严密、潮湿，如果有问题不得入库。此外对库内的糖果也要定时检查。

③堆码工作。由于糖果的形状、大小不一样，因此堆码方法也应多种多样。根据季节变化、品种特征、包装规格和坚固程度，采取不同的堆码方法。存放时，堆垛与墙壁之间应留有一定距离，垛与垛之间应留有走道，高度不宜过高，以利于通风、操作、检查和盘点。

④温湿度。根据库外温度的变化，做好库内的温湿度调节。如连阴雨天或黄梅季节，应使用氯化钙吸潮；如库内过于干燥，也不利于糖果的保管，可在库内地面洒水，以增加湿度。早晚关注外界空气温度，库内及时通风换气。硬糖保存的库内温度应在 20 ℃ 左右，软糖及巧克力糖应在 18 ℃ 左右。

⑤先进先出。糖果的储存有一定的期限，库内糖果的出厂、入库日期应有记录，严格执行"先进先出，不易保管的先出"原则。

4. 糖分摄入过多的害处

蔗糖可以补充人体热量，比淀粉糖原更容易被消化吸收，因为蔗糖是由一分子果糖和一分子葡萄糖组成，不像淀粉要先转化为糊精，再由糊精转化为葡萄糖。人们在劳动之余，喝上一杯含糖的饮料，往往会感到疲劳消除。但糖分摄入过多，会导致人体机能的障碍。它不仅会使血液里的中性脂肪增加，而且也会使人体内的胰岛素增加，从而将机体内更多的碳水化合物转化为脂肪，使人发胖。同时中性脂肪的增加还会引起血管硬化。糖是酸性物质，会损害牙齿，而且它与碱性物质钙结合后会被中和。因此儿童、婴儿糖分摄入过多不仅容易得龋齿病，而且会降低钙和维生素 B_1 的吸收率，影响生长发育。所以无论大人还是小孩，都不宜过量摄入糖分。

5. 不同糖的营养

红糖比白糖有营养，这是因为白糖的总糖分在 99.8% 以上，糖的纯度高了，其他营养成分就少了。红糖尽管总糖分没有白糖多，比不上白糖甜，且还夹有一些杂质，但其营养成分却比白糖丰富。1 kg 红糖含 900 mg 钙、40 mg 铁，同时人体需要的锰、锌等微量元素也比白糖多，特别是铬的含量为白糖的 6 倍，红糖中还含有胡萝卜素、核黄素和烟酸等。所以，中医主张产妇吃红糖是有科学道理的。

6. 白糖的焦糖反应

白砂糖在 170 ℃下即可溶化，超过 190 ℃时即变成焦糖。白砂糖在受热时羟基与氧原子结合变成水，水被蒸发后，剩下的则是黑色的碳。食品添加剂中的酱色或糖色就是这样制成的。由于白砂糖加热过度会变成焦糖，因此日常烹调菜肴用糖做调料时，应在菜肴成熟即将出锅时加入为宜。

7. 食糖受潮后的本质变化

食糖受潮溶化，除食糖本身具有强烈吸湿性以外，同自然界的温度变化影响有直接关系。低温条件下保管食糖，对食糖本身的品质没有不利影响，但当冷的食糖遇到热的空气时，空气中的水汽就会凝集在食糖的表面，使表层的食糖返潮溶化。水汽进入糖粒间的空隙，不仅使表层糖返潮，还会进一步造成内部食糖溶化。对已经返潮溶化的食糖，不能放在阳光下晒或土炕上烤，越晒烤返潮溶化越严重。对轻微返潮溶化的糖包，应采取储灰法吸湿，将石灰装入小布袋内平铺或覆盖于糖包溶化部位吸湿；对严重溶化流浆的糖包，需脱包去除流浆的糖后另换新包，以防潮迹蔓延发展，并将糖包单独存放，尽快出售或用于复制生产。

8. 食用糖精的注意事项

①食用糖精的用量不得超过 0.015%（按成品计算）。用量如果太多，不但不甜，反而发苦，且对人体有不利影响。

②糖精遇酸、碱或长时间加热，将被分解，甜度降低，只留下苦涩味。因此使用时，应待食品煮熟后再加入糖精。

③消化能力弱的病人、老年人，最好少吃糖精；婴儿不宜食用糖精。糖精片是用 25% 糖精、75% 砂糖粉压片而成，每片（约 7.7 g）甜度相当于 20g 砂糖。饮料或糖食制品每 2.5 kg，用量以 8 片（约 61.6g）为宜。糖精片使用比糖精方便。

9. 糖果的感官质量标准

①色泽。色泽鲜明均匀，要符合该品种应具有的色泽，水果味的糖果应尽量少用或不用化学合成色素。

②香气。香气纯净准确，应符合该品种应有的天然香气的要求。

③口味。口味和顺，适中，要符合该口味应具有的滋味和风味，不得有其他异味。

④形态。块形均匀，边缘整齐，无大气泡、裂纹，无凹凸不平，无严重歪斜。

⑤包装。包装图案清晰端正，包裹严密、挺直，无破裂松散。盒装外包装整齐，注明品种、数量、生产日期，包装完整不破裂。

⑥杂质。无肉眼可见的机械杂物和油污。

⑦果粒。根据质量标准规定的规格，果粒误差不超过规定颗粒数。50粒以下误差±1粒，50～100粒误差±2粒，100粒以上误差±3粒。

⑧组织结构。不同品种组织结构具有不同要求。

a.硬糖。光亮，坚硬，有脆性，是符合该品种应具有的透明玻璃状的无定形固体，不黏牙、不黏纸。

b.乳脂糖。表面光滑、油润。胶质乳脂糖口感细腻，有轻微弹性。砂质乳脂糖口嚼时，带有砂性，组织松软，不粘纸。

c.软糖。透明或半透明，柔软而有弹性，不粘牙，不粘纸。

d.蛋白糖、奶糖。表面光滑，口感细腻，软硬适中，组织疏松而有弹性，不粘牙、不粘纸。

e.夹心糖。夹心鲜明，酥心夹心糖皮薄，酥松光亮细腻，不粘牙，不粘纸。

其他各类糖按其特性参照上述要求。

（五）味精

1.味精的卫生

味精也称味素，学名为谷氨酸钠或麸氨酸钠。因为它具有强烈的鲜味（稀释300倍后仍有鲜味），所以称为味精。人体大脑细胞消耗的氨基酸中以谷氨酸最多。适量摄入味精对人体健康有益。味精中严禁掺杂乙酸钠或磷酸钠等物质。每人每公斤体重对应的味精摄入量以每日0～120 mg为宜，1岁以下婴儿禁止食用。味精的卫生标准如下：

感官指标：具有正常味精色泽滋味，不得有异味及夹杂物。

理化指标：麸酸钠应符合规定要求，锌不得超过5.0 mg/kg，铅指标同酱油。

2.味精的卫生学评价

①味精应洁白，质地均匀，无杂质。

②味精中水分及氯化钠含量应在标准规定的界限数以内。

③味精中麸酸钠含量不低于标准规定。

④味精中除氯化钠以外不得掺入其他任何物质。

⑤味精中不得检出重金属。

⑥味精不应有微生物引起的败坏现象。

二、食用油脂的主要卫生问题

油脂是室温下液态的油和常温下固态的脂的统称，按其来源可分为动物性脂肪、植物性油脂。常用的动物性脂肪有猪油、牛油、羊油、奶油等；常用的植物性油脂有花生油、豆油、菜籽油、棉籽油等。油脂是烹饪和食品工业的重要原料。

（一）油脂的卫生问题

油脂的卫生问题主要是污染和储存过程中的酸败。

1. 霉菌毒素

油料种子被霉菌及其毒素污染后，榨出的油中就含有毒素即霉菌毒素。

2. 多环芳烃

浸出剂残留和油料种子被烟熏时，都可造成多环芳烃的聚积。

3. 芥子苷

芥子苷在油菜籽中含量较多，在加热过程中大部分可挥发出去。

4. 棉酚

棉酚存在于不经蒸炒加热直接榨油的棉籽油中，我国规定棉籽油中游离棉酚含量不得超过 0.03%。

5. 高温加热产生的毒性作用

油脂经高温加热后，其中含有的不饱和脂肪酸经加热而产生各种聚合物，即两个或两个以上分子的不饱和脂肪酸聚合，形成大分子。三聚体不易被机体吸收，而二聚体可被机体吸收，毒性较强，可使动物生长停滞，肝脏肿大，生殖功能和肝功能发生障碍。

6. 酸败

油脂酸败的原因主要有两个方面：一是由动植物组织残渣和微生物酶引起的水解反应，此时油脂中游离脂肪酸增加，酸价升高；二为由光线、空气和水等因素作用下的水解反应和不饱和脂肪酸的自身氧化，这种变化在脂肪酸败中占主要地位。

为防止油脂的酸败，首先应保证油脂的纯度，尽量避免混入动植物组织残渣和微生物；其次应控制油脂中水分含量，我国规定油脂水分含量应在 0.2% 以下；再次，油脂应储存在低温环境中，长期储存宜用密封、避光容器密封保存；最后，应避免金属离子污染。为避免油脂氧化，还可在油脂中添加抗氧化剂，如维生素 E、BHT、BHA 等。

（二）油脂的卫生质量要求

1. 感观指标

植物性油脂一般为橙黄色，清澈透明，无明显杂质，无焦臭味或酸败味；动物性油脂一般为白色或微黄色，液态时透明清澈，无异味。

2. 理化指标

棉籽油酸价 ≤1，而花生油、菜籽油、大豆油酸价 ≤4；浸出油溶剂残留量 ≤50 mg/kg；过氧化值 ≤0.15%，砷 ≤0.1 mg/kg；汞 ≤0.05 mg/kg；花生中黄曲霉毒素 ≤20 g/kg，其他食用油中黄曲霉毒素 ≤20 μg/kg。

（三）食用油脂的储存

食用油脂应避光、避高温保存，存放在阴凉及干燥的地方，防止紫外线的直接照射而导致食用油的氧化变质。

三、其他食品的卫生要求

（一）冷饮食品

冷饮食品包括冰棍（冰糕）、冰激凌、汽水、人工配制的果味水和果味露、果子汁、酸梅汤、食用冰、散装低糖饮料、盐汽水、矿泉水、发酵饮料、可乐型饮料及其他类似的冷饮和冷食。大多数冷饮食品的主要原料为水、糖、有机酸或各种果汁，另外加有少量的甜味剂、香料、色素等食品添加剂。因而除少量奶、蛋、糖和天然果汁外，一般考虑的重点不是它的营养价值，而是其卫生质量和安全性。

1. 冷饮食品的主要卫生问题

冷饮食品的主要卫生问题是微生物和有害化学物质污染。被细菌污染的原因主要是原辅料适于细菌的繁殖。因此，原辅料一般在加热前污染较严重，虽经熬料后细菌数量显著减少，但在制作过程中，随着操作工序的增多，污染又会增加。细菌污染可来自空气中杂菌的自然降落，使用不清洁的用具和容器，制作者个人卫生较差和手的消毒不彻底等。此外，销售过程也是极易被污染的一个环节。

有害化学物质污染主要来自使用的不合格食品添加剂，如食用色素、香料、食用酸味剂、人工甜味剂和防腐剂等。若这些添加剂质量不合格，就可能造成对冷饮食品的污染。另外，在含酸较高的冷饮食品中有从模具或容器上溶出有害金属而造成化学性污染的可能。

2. 冷饮食品的卫生要求

对冷饮食品的卫生管理，一是要管好原辅料，使用的原辅料必须符合《食品卫生标准》《食品添加剂使用卫生标准》《生活饮用水卫生标准》的要求；二是要管理好生产过程，这是减少细菌污染和保证产品卫生质量的关键；三是要管理好销售网点；四是严格执行产品的检验制度。

（二）罐头食品

罐头食品是指密封包装、经严格热杀菌，能在常温条件下长期保存的食品。罐头食品使用的容器种类很多，常用的有马口铁罐及玻璃罐两种。因为罐头食品长期保存在容器内，食品与容器内壁紧密地接触，故要求罐装容器严密坚固，使内容物与外界空气隔绝。容器内壁材料应不与食品起任何化学反应，不使食品感官性质发生改变。所有罐装容器材料都不应含有对人体有毒的物质。

罐头食品的卫生要求如下：

马口铁罐头内常用化学性质不活泼的锡层作为保护层，但罐头内壁的锡层仍会因受高酸性内容物的腐蚀而发生缓慢溶解，大量溶出锡会引起中毒。番茄酱、酸黄瓜、茄子等少数蔬菜和大部分水果罐头均有较强的侵蚀力，国外报道了多起由果汁罐锡含量过高引起的锡中毒事件。少量锡虽对人体无明显毒害，但会使食品中的天然色素变色。铁皮镀锡应该均匀完整，罐头底盖之间的橡皮圈必须是食品工业用橡胶。

玻璃罐头不易腐蚀，能保持食品风味。罐壁透明，可以看到内容物的色泽形状。其缺点是易碎，导热性和稳定性较差，内容物易变色和褪色，在杀菌和冷却过程中容易破裂。

罐头内容物中重金属的含量规定为锡 ≤200 mg/kg，铅 < 3mg/kg，铜 < 10 mg/kg。

每批罐头食品出厂前先经保温试验，后通过敲击和观察，将胀罐、漏罐及有鼓音的罐头剔除。保温试验后出现的胀罐有三种情况：第一种是微生物引起的变化，又称生物性气胀，是罐头在灭菌过程中不够彻底，以致微生物在罐内生长繁殖，产生气体，导致胀罐；第二种是化学性气胀，主要是马口铁受到食品的侵蚀，释放出氢，在氢的压力下，罐头发生膨胀，这种罐头重金属含量往往比较高；第三种胀气比较少见，叫作物理性气胀，是罐头放在低温下，发生冰冻而引起的膨胀，这种罐头食品质量一般没有什么变化。区分胀罐种类可用保温检测法：37 ℃下保温 7 天，若胀罐程度增大，可能是生物性气胀；若胀罐程度不变，可能是化学性膨胀；若胀罐消失，可能是物理性膨胀。

随着科技的进步和食品工业的发展，食品的种类越来越丰富，但食品安全风险因素却并未大幅降低，食源性疾病仍然威胁着消费者的健康。通过章的学习，学习者应做到重视食品卫生，掌握食品卫生相关知识，并应用于生活和工作实践中。

第八章　食品安全管理

第一节　食品安全法与饮食卫生"五四"制

一、食品安全管理

食品安全管理即管理食品的种植、养殖、加工、包装、贮藏、运输、销售、消费等活动，使其符合国家标准和要求，不存在可能损害或威胁人体健康的有毒、有害物质致消费者病亡或者危及消费者及其后代的隐患。

二、食品安全法

2021 年 4 月 29 日，中华人民共和国第十三届全国人民代表大会常务委员会第二十八次会议修订通过《中华人民共和国食品安全法》，本法自 2015 年 10 月 1 日起施行，在中华人民共和国境内从事食品生产和加工、食品销售和餐饮服务等活动，应当遵守《中华人民共和国食品安全法》。它的公布和实施是为保证食品安全，保障公众身体健康和生命安全。

国以民为本，民以食为天。食品安全关系国家和社会的稳定发展，关系公民的生命健康权利。如何解决食品安全问题，保护公众身体健康和生命安全，已提升到国家战略层面。

习近平总书记指出，加强食品安全监管，关系全国人民"舌尖上的安全"，关系广大人民群众身体健康和生命安全。要严字当头，严谨标准、严格监管、严厉处罚、严肃问责，各级党委和政府要作为一项重大政治任务来抓。要坚持源头严防、过程严管、风险严控，完善食品药品安全监管体制，加强统一性、权威性。要从满足普遍需求出发，促进餐饮业提高安全质量水平。

习近平总书记对食品安全工作的重要指示指出，民以食为天，加强食品安全工作，关系人民群众的身体健康和生命安全，必须抓得紧而又紧。这些年，党和政府下了大气力抓食品安全，食品安全形势不断好转，但存在的问题仍然不少，老百姓仍然有很多期待，必须再接再厉，把工作做细做实，确保人民群众"舌尖上的安全"。

2017 年 1 月 3 日，习近平在国务院食品安全委员会第四次全体会议上强调，各级党委和政府及有关部门要全面做好食品安全工作，坚持最严谨的标准、最严格的监管、最严厉的处罚、最严肃的问责，增强食品安全监管统一性和专业性，切实提高食品安全监管水平和能力。要加强食品安全依法治理，加强基层基础工作，建设职业化检查员队伍，提高餐饮业质量安全水平，加强从"农田到餐桌"全过程食品安全工作，严防、严管、严控食品安全风险，保证广大人民群众吃得放心、安心。

（一）食品安全法调整

为保证食品卫生，防止食品污染和有害因素对人体的危害，保障人民身体健康，增强人民体质，2021 年 4 月 29 日，中华人民共和国第十三届全国人民代表大会常务委员会第二十八次会议修订通过《中华人民共和国食品安全法》，随着经济社会的发展，严重的食品安全事件时有发生，食品安全方面的相关法律法规亟待完善，从而保证食品安全，保障公众身体健康和生命安全。

（二）食品安全法适用范围的规定

《中华人民共和国食品安全法》第二条：在中华人民共和国境内从事下列活动，应当遵守本法：

1. 食品生产和加工（以下称食品生产）、食品销售和餐饮服务（以下称食品经营）；

2. 食品添加剂的生产经营；

3. 用于食品的包装材料、容器、洗涤剂、消毒剂和用于食品生产经营的工具、设备（以下称食品相关产品）的生产经营；

4. 食品生产经营者使用食品添加剂、食品相关产品；

5. 食品的储存和运输；

6. 对食品、食品添加剂、食品相关产品的安全管理。

供食用的源于农业的初级产品（以下称食用农产品）的质量安全管理，遵守《中华人民共和国农产品质量安全法》的规定。但是，食用农产品的市场销售、有关质量安全标准的制定、有关安全信息的公布和本法对农业投入品做出规定的，应当遵守本法的规定。

本条关于食品安全法适用范围的规定，与原来的食品卫生法的规定相比，适用范围明显扩大，而且增加了与农产品质量安全法相衔接的规定。体现在以下几方面。

第一，本法扩大适用于食品添加剂的生产、经营。食品添加剂是指为改善食品品质和色、香、味，以及为防腐、保鲜和加工工艺的需要而加入食品中的人工合成或者天然物质。原来的食品卫生法仅在第十一条对食品添加剂提出了卫生要求，而现实中由于食品添加剂引发的食源性疾病多发，尤其是三聚氰胺引发的 2008 年三鹿婴幼儿奶粉事件，使得人们对食品添加剂更加警惕，从而在立法上对食品添加剂提出更加严格的要求。不仅是食品生产经营者使用食品添加剂要遵守本法，食品添加剂的生产经营者的生产经营行为也要严格遵守本法，例如遵守本法关于食品安全风险监测和评估的规定等。

第二，本法扩大适用于食品相关产品的生产、经营。食品相关产品是指用于食品的包装材料、容器、洗涤剂、消毒剂和用于食品生产经营的工具、设备。依据附则里的进一步说明，用于食品的包装材料和容器，是指包装、盛放食品或者食品添加剂用的纸、竹、木、金属、搪瓷、陶瓷、塑料、橡胶、天然纤维、化学纤维、玻璃等制品和直接接触食品或者食品添加剂的涂料。用于食品的洗涤剂、消毒剂，指直接用于洗涤或者消毒食品、餐饮具以及直接接触食品的工具、设备，或者食品包装材料和容器的物质。用于食品生产经营的工具、设备，指在食品或者食品添加剂生产、流通、使用过程中直接接触食品或者食品添加剂的机械、管道、传送带、容器、用具、餐具等。不仅是食品生产经营者使用食品相关产品的安全卫生要遵守本法，食品相关产品的生产经营者的生产经营活动也要严格遵守本法有关规定。

第三，本法增加了与农产品质量安全法相衔接的规定，避免了法律之间由于适用范围的交叉重复可能出现的打架现象，明确了食用农产品在食品安全法中的具体适用问题：供食用的源于农业的初级产品的质量安全管理，遵守农产品质量安全法的规定；制定有关食用农产品的质量安全标准、公布食用农产品安全有关信息，遵守食品安全法的有关规定。而且，这样的规定能够更好地保障食用农产品的质量安全，有利于实现"从农田到餐桌"的全程监管。

第二节　餐饮业的卫生要求

一、餐厅卫生

餐厅既是客人进行消费的场所，也是餐饮业进行销售的场所。清洁卫生的餐厅，除了能保证食物的卫生，还能提高就餐者的食欲。与此相反，不卫生的餐厅则容易污染食物，不但会降低人们的食欲，还会使人染上疾病，危害人的健康和生命。因此，加强餐厅卫生管理是十分必要的。

（一）餐厅的环境卫生要求

餐厅的卫生情况给就餐者的直观感受，直接影响着就餐者的饮食情绪。餐厅的环境包括两个方面。

1. 外环境

所谓餐厅外环境，是指餐厅的地理环境与餐厅周边环境。如一些餐厅坐落在湖边，一些餐厅坐落在市区，一些餐厅坐落在旅游景点等。这些外环境会给就餐者带来不同的就餐情绪。外环境的具体要求如下：

①餐厅周围绿化要求有四季常青的花草树木，要有吸尘的树木。

②餐厅周围空气卫生要求不存在大中型厂矿企业，没有无人管理的公厕，无垃圾站或垃圾堆及废品回收站等，无污水沟、污水池塘，室外地面应经常打扫干净。

③餐厅周边噪声要求汽车不在餐厅周围鸣笛、无机械加工厂或冷作坊等。

2. 内环境

内环境指餐厅内的环境，包括餐厅结构，餐厅内的温度、湿度、噪声等。其具体要求如下：

①餐厅结构的自然采光要好，空间宽敞，不给客人造成压抑感，台桌摆放合理，过道宽敞。

②餐厅的夏季温度应保持在 24℃ ~ 26℃，冬季温度应保持在 20℃ ~ 22℃。湿度要求夏季在 55% ~ 65%，冬季在 40% ~ 55%。

③餐厅的噪声白天应在 50 dB 以下，夜间在 40 dB 以下。

④餐厅换气次数为每小时 10 ~ 12 次，咖啡厅每小时 10 ~ 12 次，酒吧间每小时 12 ~ 15 次。

⑤餐厅美化要求厅内布置优雅美观、色调和谐，给进餐者创造一个舒适、清洁、愉快的环境。

（二）餐厅基本卫生要求

1. 日常清洁卫生

①地面清洁无油污，定期打蜡磨光。

②餐桌台布和餐巾要求干净、平整、洁白，一餐一换，不能重复使用。

③餐具洗涤要求做到"一刷、二洗、三清、四消毒"，保持餐具洁净，无口纹、水纹、指纹。

④桌椅保持清洁整齐，玻璃光亮，设备规格整洁。

⑤随时清除餐厅垃圾、污水。

2. 经常性卫生要求

①定期擦洗门窗，保持清洁。

②定期灭杀鼠、蝇、蚊、虫等害虫。

③定期清洗餐厅餐具、消毒柜，抹洗餐厅设施等。

（三）餐厅日常卫生管理

餐厅卫生应实行"四定制"（定人、定物、定时、定质量），促使服务人员按时、按量、按要求进行分工，搞好餐厅的卫生工作。

1. 地面卫生

不同档次、不同星级的饭店餐厅地面不同，一般高星级饭店餐厅都铺有地毯，低星级或无星级的大多是水磨石或瓷砖地面，因而不同地面就有不同的卫生要求。

①地毯地面。每天营业前先将地毯上的残渣清除，用吸尘器吸干净。有油污的地毯，要及时换下进行清洗。

②水磨石、瓷砖地面。营业前清扫，除去残渣。用拖把蘸碱水拖洗干净。适量打上地板蜡，使地面清洁光亮。

2. 餐桌椅的卫生

①营业前的卫生工作。用碱水彻底擦拭桌椅，并经常换洗布套。清洗桌椅脚上的食物残渣。有转盘的桌面，先取掉转盘，打扫洁净后再放上，检查转盘是否转动自如。

②营业过程中的卫生工作。及时擦掉客人泼在桌上或椅上的汤水、油点。客人走后，及时清理桌上残渣，擦净油污。

3. 台布和餐巾的卫生

①台布和餐巾必须一次一换。

②每次换下的台布和餐巾要及时洗涤消毒，烫平待用。

4. 香巾卫生

香巾是在清洁的小方巾上洒上香水，供顾客抹脸擦手之用，起到提神、醒酒与清洁卫生的作用。

①冬天送热香巾（蒸热），夏天送湿冷香巾。

②一般一次筵席送 2 ~ 3 次，对出汗多的顾客或桌上有用手拿着吃的食物时可多送几次。

③用后的香巾要用洗涤剂洗干净，用开水浸泡消毒。

5. 工作台的卫生

工作台是服务人员工作和存放饮料、酒水及其他常用物品的地方。

①工作台要经常打扫和擦洗，使其内外和存放的物品及用具保持整洁卫生。

②做好防蟑、防鼠等工作，防止蟑螂滋生和防止蟑螂、老鼠污染食品及用具。

6. 冷藏设备

冷库应自成系统与其他房间隔绝。生熟食品冷藏应分开存放，设备要定期洗刷。

7. 洗涤设备

除了设置足够数量的洗涤池和洗手池，还必须设置非接触式流水洗手池，专供备餐间员工操作前洗手消毒使用。擦手用的毛巾由于很快会被细菌污染，因此采用擦干手巾是必要的。例如，使用纸巾将手擦干，再将用过的纸巾放入非接触式垃圾箱内；使用经过消毒的毛巾；使用热空气干燥机等。

8. 除油烟设备和通风设备

为了降低厨房的温度和湿度，以及排除烹饪时散发出来的气味、蒸气和油烟等，应在厨房或炉灶上方安装排气扇和抽油烟机等设备。这些设备必须保持清洁，上面不得沾染油污，因为油污会影响设备的效能，还可能污染食物。通风面打开的窗户要装有纱窗，以防昆虫等飞入。

9. 照明设备

厨房内所有房间必须要有足够亮度的照明设备，防止加工食品时出现意外。灯光照明可使污物更易被发现从而便于打扫。

10. 工作面

工作面必须用结实耐用、容易清洗的材料制成。这类材料同样要求不吸水，不会被食物残渣腐蚀，不锈钢或硬质塑料是理想的材料。不要采用木制工作面，因为木质面很容易被污染，而且不便于清洗。硬木可以做切菜板，但使用硬质塑料板或压缩橡胶则更好。制备生食和熟食须使用不同的切菜板，避免交叉污染。任何工作面，如发生碎裂或出现很深的划痕时应及时更换，破损的工作面会藏纳食物残渣和细菌。

11. 废弃物处理装置

一些大型的食品企业或酒店装有由高速切削系统构成的废弃物处理装置，用以将废弃物切碎，再用水冲洗排出，这种方法比较卫生。

二、食具卫生

食具是用来盛装食物的器皿，直接与就餐者接触，并且是反复使用的，在存放、使用过程中难免受到污染，如带菌者污染、霉菌污染、灰尘的黏附等。为了防止疾病的传播，必须加强食具的卫生管理。食具的卫生主要包括包装材料、餐具和容器的卫生。

（一）食具的卫生要求

①包装材料的基本卫生要求。包装材料通常采用塑料、金属材料制作。

②塑料容器与包装材料的卫生。塑料制品具有不透水、耐腐蚀、质软、有弹性、坚实耐用、易加工成形等优点，在食品加工业和餐饮业中用得比较广泛。用塑料包装食品，可起到防潮、防污染的作用，延长食品的保质期。作为食品容器包装材料的塑料，有聚乙烯塑料、聚丙烯塑料、聚苯乙烯塑料、聚氯乙烯塑料等。

聚乙烯塑料不耐高温，不能盛装高温食品，不能随食品在高温下加热。由于塑料易溶于油脂，使油脂带上气味，所以塑料容器与包装用具不能盛装油脂或重油脂的食物。聚氯乙烯塑料中的氯乙烯单体对人体有害，一般不盛装直接食用的食品。不使用回收塑料制的容器或包装袋盛装食品。

③金属容器及包装材料的卫生。餐饮业常用不锈钢、铝、铁、铜等做容器材料，它们的卫生要求是：

a. 不能长期盛装酸、碱、盐等有腐蚀性的食品。

b. 有害重金属应在规定的卫生范围内。

c. 金属做包装材料时，一定要镀膜。

d. 金属容器在用后应洗净擦干。

④涂料容器的卫生。在食品加工与餐饮业中，常用一些涂料容器，如在装罐头、贮酒的槽罐的内壁涂上一层惰性涂料。这些涂料必须对人体无害。环氧树脂和不饱和聚酯树脂是应用比较广泛的涂料。沥青涂料和加催干剂的干性油渣涂膜则不宜做接触食品的涂料。

⑤橡胶材料容器具的卫生。橡胶有天然橡胶和合成橡胶两大类。天然橡胶是由橡胶树上流出的乳胶加工而成的，合成橡胶则是用石油或煤焦油合成的。餐饮业中常用的橡胶制品有奶嘴、水袋、瓶塞、高压锅圈等。橡胶制品中加入的抗老化剂、着色剂、填充剂及橡胶中的单体对人体有害，这些物质大多是脂溶性，因而应尽量减少其与酒精饮料和含油脂食品的接触。

⑥陶瓷、玻璃容器具的卫生。陶瓷食具不宜盛装酸性食品；陶瓷食具不宜长期保存食品；防止玻璃食具破碎后碎渣混入食品；无色玻璃食具不宜贮藏食用油脂；使用玻璃食具加热时，应缓慢升温，防止破裂；陶瓷、玻璃容器洗涤后必须无指纹、口纹、水迹、污垢等。

⑦包装纸的卫生。不能用用荧光增白剂处理过的纸做包装用纸；不能以废纸、油印纸或回收纸张包装食品；包装蜡纸所用的蜡必须无毒。

（二）食具卫生指标

①在食具上不得检出致病菌。

②在每平方厘米食具上检出的总菌数不得超过 100 个。

③在每平方厘米食具上检出的大肠菌群不得超过 30 个。

金属食具用 4% 浓度醋酸浸泡后，锌含量 ≤1 mg/L，铅含量 ≤0.2mg/L，镉含量 ≤0.02mg/L，砷含量 ≤0.04 mg/L；陶瓷食具用 4% 浓度醋酸浸泡后，铅含量 ≤7 mg/L，镉含量 ≤0.5 mg/L；专用包装纸用 4% 浓度醋酸浸泡后，铅含量 ≤5 mg/L，砷含量 ≤1 mg/L。

（三）食具洗涤

食具洗涤主要是指对初次使用或重复使用的食具进行清洗，去除食具上的污物、残渣与油污等。常用的洗涤方法有手工洗涤和机械洗涤两种。这两种方法都必须使用洗涤剂，因而洗涤剂必须具有去污能力强、无毒、无污染等特点。常用于食具（食品）洗涤的洗涤剂成分有烷基苯磺酸盐、高级醇磺酸脂、乙醇、食用碱等。

1. 手工洗涤

手工洗涤必须注意以下问题：

①对放置时间过久、食物残渣附着较牢固的食具，应先用水浸泡一段时间。

②洗涤时用温水（40℃ ~ 50℃），有利于提高洗涤剂的去污能力。

③清洗食具时，要用抹布将食具正反两面的污物、残渣、油污擦洗干净。

④用洗涤剂洗后，应反复用水冲洗干净。

2. 机械洗涤

机械洗涤主要是用洗涤机等设备对食具进行洗涤。洗涤剂浸泡食具后，洗涤机产生的机械力可以把食具洗涤干净。机械洗涤必须注意以下问题：

①洗涤液的温度与配比应符合使用说明书要求。

②洗涤后应用清水反复多次清洗，认真检查是否洗净。

③洗涤剂应常换。

（四）食具消毒的方法

食具经过洗涤后只能去除表面可见的脏物和少量细菌，并不能起到杀死细菌、病毒的效果。洗涤后的食具仍可能有 30% 以上的大肠杆菌未被洗掉。因而食具消毒是食具卫生的必要环节，也是最主要、最关键的环节。食具消毒的方法有两大类，一是物理消毒法，二是化学消毒法。

1. 物理消毒法

物理消毒法主要是通过加热使菌体蛋白凝固而使细菌死亡。其主要方法如下：

①煮沸消毒法。将冲洗干净后的食具放在 100 ℃沸水中煮沸 0.5 h，可杀死绝大部分微生物。

②蒸气消毒法。将洗净的食具放在密封的木箱里，用 100 ℃以上的蒸气蒸 15 ~ 30 min。

③电子消毒法。最常见的是用消毒柜消毒，其主要原理是电流通过电子管产生的微波、红外线、紫外线穿透菌体，并产生大量的热，从而起到杀菌的作用。这种方法在各大饭店中最为常用。

2.化学消毒法

化学消毒法是利用化学药剂来杀死微生物，并防止微生物生长繁殖的一种方法。常用的药剂有高锰酸钾、漂白粉、氯亚明、新洁尔灭、过氧乙酸、过氧水与消毒净等，这些消毒剂或其水解产物都具有强氧化性，能氧化微生物体内的有机成分，使蛋白失去活性，从而起到消毒的作用。

三、个人卫生

餐饮业工作人员从事食品的生产、运输与销售，每天都与食品打交道，工作人员的卫生情况直接关系到客人的健康。为了维护广大消费者的健康，餐饮工作人员必须严格搞好个人卫生。

（一）个人卫生要求

①自觉遵守卫生制度和卫生公约。

②餐饮从业人员应身体健康，无传染病并定期进行体检。如果发现服务员患有结核、肝炎、伤寒、痢疾、霍乱或传染性皮肤病等传染病，应及时调离岗位，病愈后方可上岗。

③要求做到勤剪指甲、勤理发、勤洗澡、勤换衣服。

④工作时不随地吐痰，保持手的清洁，防止将细菌带入食物，并要重视工作间的卫生，食品制作者必须控制一切可能出现的污染源，在以下情况发生后必须立即洗手：

a.上厕所，粪便中的细菌会通过手纸转移到手上，再转移到食物上。

b.擤鼻涕，许多人的鼻孔中藏有葡萄球菌。用手帕擦鼻子时，其中一些细菌会转移到手上，再转移到食物上。

c.处理生肉、禽肉和蔬菜之后，许多生肉表面上都有食物中毒菌（如沙门氏菌），容易转移到食物上。

d.其他处理过的废弃物、污染物、腐败物等，这类物体存在大量细菌，会转移到食物上。

（二）操作卫生要求

①餐饮业人员上岗时必须穿戴好清洁的工作服、帽，洗净双手。工作服、帽要保持整洁，只能在工作时穿戴，上厕所或不工作时应脱下，不要用工作服擦手、擦汗、擦碗盘等；工作完后应洗净、晒干，用紫外线消毒备用。

②严禁在操作时吸烟。

③切配和烹调实行双盘制。配菜用的盘碗，在原料下锅烹调时撤掉，换用消毒后的盘碗来盛装烹熟后的菜肴。

④在烹调操作时，试味应用小碗或汤匙，尝后的余汁一定不能倒入锅中。如果用手勺，必须用干净抹布揩拭干净后再用。

⑤工作人员在工作时不准戴耳环、戒指，不准染指甲、光脚臂。

⑥洗原料的水盆要定时换水；案板、菜橱每日刷洗一次，菜墩用后应立放；炉台上盛调味品的盆、碗、罐等要经常清洗，每日下班时要端离炉台并加盖放置；油盆要新油、老油分装，每日滤一次油脚；酱油、醋要每日过笋筛一次，夏秋季每日两次；汤锅每日洗刷一次。

⑦不准面对食品咳嗽、打喷嚏，更不准用口含水喷洒任何食物。

⑧冷餐原料切配、操作时应戴口罩，不能用手直接抓熟食。

⑨抹布要经常搓洗，要专布专用，不能一布多用，以免交叉污染。消毒后的餐具不要再用抹布揩抹。

（三）注意仪表整洁

食品从业人员手指禁戴任何珠宝饰物，勤剪指甲，勤理发，勤洗澡，勤换衣服（包括工作服）。

（四）食品从业人员要保证身体健康

食品从业人员要特别注意防止胃肠道和皮肤传染病的感染，定期检查身体，接受疫苗注射。

第三节　食品贮存、运输、销售过程中的卫生要求

一、食品的贮存

（一）食品贮存的重要性

食品贮存的要求在于防止有毒有害物质污染食品，控制食品的腐败变质，消灭或控制有害微生物的繁殖，抑制组织酶的活动，保持食品固有的性状，延长食品营养素的可供食用期限，保证饮食食品原料供应安全。

贮存食品要注意食品存储环境的影响。贮存各类食品的仓库应做到食品与非食品不得混放，贮存杀虫剂和其他有毒有害物品的仓库，严禁贮存食品。贮存食品应按原料、半成品、成品分开，要考虑各类食品间相互影响污染的情况，生食品与熟食品分开，有特异气味的食品（如海产品）与容易吸收气味的食品（如茶叶）不能贮存一起。

同时注意先进先出，易坏先用，加强周转，尽量缩短贮存时间。此外，仓库应有清洁卫生制度，要加强库存食品的卫生质量检查，发现问题及时处理。

（二）食品贮存的要求

①要加强入库食品的验收工作。对库存食品应做好数量、质量、合格证明、检疫证明等登记。腐败变质、有毒有害、发霉生虫等食品不得入库。

②坚持"四分开"原则。原料、半成品、成品分开；考虑各类食品的污染程度，生熟食品要分开；有特异气味的食品与容易吸收气味的食品要分开；贮存杀虫剂和其他有毒物品的仓库，严禁存放食品。

③仓库应有清洁卫生制度。食品按类别、品种、存放要求，隔墙、离地整齐摆放，散装食品及原料存储容器应该加盖密封，经常检查。蔬菜水果可低温保存也可用臭氧保存。肉、鱼、禽、蛋等易腐烂食品应分别冷藏储存。肉类、水产类分柜存放。生食、熟食、半成品分柜存放，杜绝生熟混放。

④做好库存食品的卫生质量检查，发现问题及时处理。仓库配备温度湿度显示装置，温度和湿度应保持恒定，可装置空气调节器。定期检查设施，确保有效防鼠防蝇防蟑螂，可用培养基进行微生物数量监测，必要时消毒灭菌，多举措避免灰尘细菌和异物的污染。

⑤对库存的食品应"先进先出"，加强周转，尽量缩短贮存期。

二、食品的运输

食品运输过程中的卫生要求有以下几方面。

①车辆选择：应根据食品的类型、特性、运输季节、距离以及产品品质和储存要求选择运输工具。车辆卫生要求，食品装入前车辆应洗刷干净，必要时进行消毒灭菌，保证车厢卫生清洁、干燥，不得有对食品有影响的物体及气味，运输食品需要的铺垫物、遮盖物应清洁、无毒、无害。

②装车下车要求：不得与有异味的物品、化学物质、放射性物质、有毒有害物质等货物混装，堆码层数不得超过要求层数，装卸轻拿轻放。

③运输中卫生要求：运输中要注意采取防腐、防雨、防鼠、防蝇、防尘等措施，生熟食品、食品与非食品均应分别装运，对有冷藏需求的食品要采取控温措施，定期

检查运输工具内温度以满足保持食品品质所需的适宜温度，对其他有特殊要求的食品，还应当具备必要条件。运输中应提高运输效率，缩短运输时间，避免拆包重装，防止运输中食品腐败变质。

三、食品销售卫生

①食品销售单位必须取得有效卫生许可并悬挂于明显处。

②食品销售单位需要做好从业人员健康管理并对从业人员（包括临时参加工作的人员）进行健康培训。身体健康并经过健康培训合格后方可参与营业。

③必须建立索证索票制度和进货台账制度，确保食品安全可追溯。

④销售食品时要保证个人清洁，穿戴整洁的工作衣帽。销售单位配置有效的防尘、防蝇、防鼠，消毒灭菌等设施。

⑤应设食品专区或专柜，食品不得与非食品混放。散装食品、直接食用食品必须有防尘材料覆盖，并设有禁止消费者触摸标志，顾客、营业员都不能直接用手挑拣，冷冻冷藏食品必须使用冷冻冷藏设施。尽量做到销售过程密闭化、自动化，尽量避免食品暴露，出售食品时钱货分离减少污染机会。

第四节　食品从业人员的职业道德

食品生产经营活动中，食品从业人员职业道德水准对保证食品卫生起着重要的作用。员工良好的职业道德非常重要。

一、食品从业人员职业道德规范

①遵纪守法，良心从业。

②爱岗敬业，精通业务。

③文明礼貌，公平诚信。

④重视学习，提升创新。

⑤尊师爱徒，团结协作。

二、提高员工卫生素质的途径

（一）完善岗位责任制

食品卫生岗位要求规定具体的操作程序和个人卫生标准，要求有专职人员检查监督。对完成得好的员工要给予表扬奖励，推广先进经验；对做得不够的员工要给予教育批评，甚至予以处分，不能事故发生后才来抓卫生管理。

（二）注重学习

1. 注重思想学习，不断提升道德水准

学习法律法规及规章制度，强化制度约束。重视企业文化塑造，树立正确的价值理念，通过思想认识的学习，形成正确的世界观、人生观、价值观，从而形成正确道德水准。

2. 编制多阶段、多范围使用的教材

根据从业人员经验，提升采购、运输、储存、厨房和餐厅各岗位的食品安全卫生要求，进行全面梳理，编制通俗易懂的文字图画和表格的教材，供教学和学习之用。根据岗位工作的特点，新员工先进行岗前培训，对老员工就相应岗位不断进行在职培训。

3. 注重岗位实务教学

针对不同岗位，结合其工作的特点，一边操作一边讲解，使学习者能看得明白、听得懂，有效掌握相关技能。

三、食品卫生领域的职业道德

（一）树立责任意识，让卫生要求成为习惯

食品生产、加工、储存、运输、销售每一个环节都涉及食品安全，这些环节的从业人员在工作中如果责任意识淡薄就可能出现食品安全问题，所以食品安全从业人员在工作中都应该树立责任意识，对顾客健康负责。食品卫生从业人员应该有良好的个人习惯、卫生使用工具习惯、卫生操作等行为习惯，良好的卫生行为和卫生习惯有利于防止食品污染，保证食品安全。

（二）诚实信用，树立安全卫生宗旨

食品生产经营者应当诚信经营，为消费者提供营养丰富、卫生安全的食品，而不

应当为了利益不管不顾消费者的健康。只有坚持诚信经营，树立安全卫生宗旨，才能推进食品卫生领域职业道德建设的完善。

（三）严格遵纪守法，突出行业自律，接受社会监督

突出行业自律，加强食品安全道德教育；突出严格执法，加强食品安全专项整治；突出社会监督，加强食品安全综合监管。

（四）加强理论学习，提升道德水平，精通专业技术

通过加强学习食品安全知识，学习食品安全法律法规及提升道德要求等，从而在学习中获得丰富的知识、形成过硬的技能、提升思想层次，使岗位职责逐步从业务的范畴上升到道德范畴。

餐饮业的卫生关系到顾客的身体健康，国家高度重视引导企业强化责任意识，提高服务质量，防止食物交叉感染。做好食品的安全卫生管理，在采购、入库、制作以及售卖等环节加强监控，确保食品品质得到保障。食品品质和卫生关系到民族的命运，关系到国家的长久可持续发展，我们要加强对"吃"的管理。要求企业严格执行食品安全法，严格遵循食品 GMP。在实际执行过程中，要求企业不断强化责任，改进与完善制度。

第九章　食品安全检测中的现代高新技术

随着食品科学技术的发展，食品的检测与分析工作已经提高到一个重要的地位，对现代食品安全检测技术也提出了越来越高的要求。人们不仅要求及时、精密、可靠地获得有关食品安全的定量数据，而且要求对食品安全性进行全面快速的分析和判断。因此，传统的理化方法已经难以满足目前的食品安全检测的需要。随着现代高新技术的发展，生物芯片和传感器检测技术、酶联免疫吸附技术和 PCR 检测技术、色谱和质谱分析技术等已经在食品安全检测中显示出巨大的应用潜力。

第一节　生物芯片和传感器检测技术

一、生物芯片检测技术

生物芯片（Biochip）是 20 世纪 90 年代初发展起来的一种微量分析技术。该技术采用光导原位合成或微量点样等方法，将核酸片段、多肽分子甚至组织切片、细胞等生物样品按一定的顺序固化于支持物（如玻片、硅片等载体）的表面，组成密集二维排列，然后与已标记的待测生物样品中的靶分子杂交，通过特定的仪器（如激光共聚焦扫描仪等）对杂交信号的强度进行快速、并行、高效的检测分析，从而判断样品中靶分子的数量。由于常用玻片或硅片作为固相支持物，且在制备过程中模拟计算机芯片的制备技术，所以将其称为生物芯片技术。它综合了分子生物学、免疫学、微电子学、微机械学、化学、物理学、计算机技术等多项技术，具有高通量、微型化、自动化和信息化的特点，在食品检测中有着广阔的发展前景。

（一）生物芯片的分类

生物芯片种类较多，根据芯片上固定探针的不同，生物芯片分为基因芯片、蛋白质芯片、细胞芯片、组织芯片等；根据其片基的不同生物芯片分为无机片基芯片和有机合成物片基芯片；按其应用的不同生物芯片可以分为表达谱芯片、诊断芯片、检测芯片。其中应用最多、应用范围最广的生物芯片是基因芯片。

1. 基因芯片

基因芯片（Gene Chip）通常指 DNA 芯片，利用核酸杂交原理来检测未知分子。首先将大量寡核苷酸分子固定于支持物上，其次与标记的样品进行杂交，通过检测杂交信号的强弱来判断样品中靶分子的数量。基因芯片技术自问世以来，由于其具有微型化、集约化和标准化的特点，在分子生物学研究、食品检测、医学临床检验、生物制药和环境学等领域显示出了强大的生命力。

基因芯片的技术流程包括芯片的制作、样品的制备、芯片的杂交及杂交后信号的检测和分析。基因芯片制备方法主要包括两种：①点样法。将不同的核酸溶液逐点分配在固相支持物的不同部位，然后通过物理和化学的方法使之固定。②原位合成法。在玻璃等硬质表面直接合成寡核苷酸探针阵列，目前应用的方法主要有光去保护并行合成法、压电打印合成法等。样品的制备和处理是基因芯片技术的第二个重要环节。生物样品往往是非常复杂的生物分子混合物，除少数特殊样品外，一般不能直接与芯片反应。可将样品进行生物处理，提取其中的核酸并加以标记，以提高检测的灵敏度。基因芯片与靶基因的杂交过程和一般的分子杂交过程基本相同，杂交反应的条件需根据探针长度、GC 碱基含量及芯片的类型来优化。用同位素标记靶基因，其后的信号检测即是放射自显影；也可以用荧光标记，应用荧光扫描及分析系统对相应探针阵列上的荧光强度进行比较，得到待测样品的相应信息，再进行结果分析。

2. 蛋白质芯片

蛋白质芯片（Protein Chip）是在基因芯片的基础上发展起来的，是大量的蛋白质分子（如酶、抗原、抗体、受体、配体、细胞因子等）或肽链有序固定在载体上形成的。蛋白质与载体表面结合，同时仍保留蛋白质的物理和化学性质，利用蛋白质或肽链特异性地与配体分子（如抗体或抗原）结合的原理进行检测。

由于蛋白质不能靠扩增的方法达到要求的灵敏度，蛋白质之间的特异作用是利用抗原与抗体反应，所以检测蛋白质沿用基因芯片的模式有一定的局限性。此外，蛋白质很难在固相载体表面合成，并且固体表面的蛋白质易于改变空间构型，失去生物活性，所以蛋白质芯片的制作比基因芯片复杂。构建蛋白质阵列需解决三个问题：①保证蛋白质正确定位；②保持蛋白的活性；③与现存的基因芯片研究工具相兼容。

3. 芯片缩微实验室

芯片缩微实验室（Microlab on a Chip）是将各种功能的芯片集约在同一载体（通常为硅片）上形成的多功能芯片。在芯片缩微实验室中，各芯片之间是在计算机的控制下通过微流路、微泵和微阀等实现有序联系的。它集样品制备、基因扩增、核酸标记及检测为一体，实现了生化分析全过程，是生物芯片发展的最高阶段。芯片缩微实验室能实现分析过程的微量化和集约化，从而节约时间、经费和人力，使工作效率大大提高。由于芯片缩微实验室利用微加工技术，浓缩了整个实验室所需的设备，因此，化验、检测及显示等都会在一块芯片上完成，所需样品微量，成本相对低廉，而且使用非常方便。这类仪器的出现将给生命科学研究、疾病诊断和治疗、新药开发、司法鉴定、食品卫生监督等领域带来一场新的革命。

（二）生物芯片在食品检测中的应用

1. 在食品微生物检测中的应用

食品卫生检测中一个重要的方面是及时准确地检测出食品中的病原微生物，这些病原微生物的存在会严重危害人类的健康，而食品在生产、加工、运输、销售、消费的各个环节都极易被各种病菌污染。采用基因芯片技术可以实现致病菌的快速检测。

首先利用在细菌学分类上具有重要意义的 16SrRNA 基因作为检测的靶分子，并在其间设计检测探针，建立一套致病菌的基因芯片快速检测技术。不同细菌的 16SrRNA 基因具有序列一致的恒定区和序列互不相同的可变区，恒定区和可变区交错排列。这样，在恒定区设计 PCR 引物，在可变区设计检测探针，用一对 PCR 引物就可以将所有细菌的相应基因片段全部扩增出来。然后用每种细菌的特异性探针阵列与标记的靶片段进行杂交反应，杂交后用专用设备分析荧光信号，可以定性和半定量地检测出致病菌。用这种基因芯片可以检出副溶血弧菌、李斯特氏菌、耶尔森菌、变形杆菌及铜绿假单胞菌等，但是由于肠道致病菌（沙门氏菌、志贺氏菌和大肠杆菌等）探针所在的 16SrRNA 序列基本相同，所以只能作为一类细菌被检出。也可分别以 invA 基因、virA 基因及 23SrRNA 基因等为模板，设计引物和探针，进行肠道致病菌的区分检测，将沙门氏菌、志贺氏菌和大肠杆菌等准确检出。

2. 在食品毒理学研究中的应用

传统的食品毒理学研究必须通过动物试验来进行模糊评判，它们在研究毒物的整体毒性效应和毒物代谢方面具有不可替代的作用。但是，由于需要消耗大量的动物，费时费力，而且所用的动物模型由于种属差异，得出的结果往往并不适宜外推至人。另外，动物试验中所给予的毒物剂量远远大于人的暴露水平，因此不能反映真实的暴露情况。生物芯片技术的应用将给毒理学领域带来一场革命。生物芯片可以同时对几千个基因的表达进行分析，为新型食品资源对人体影响的机理研究提供完整的技术资料，并通过对单个或多个混合有害成分进行分析，确定该化学物质在低剂量条件下的毒性，分析推断出该物质的最低限量。美国环境卫生科学研究所的科学家开发了一种毒理芯片（Toxchip），虽然它不能完全取代动物试验，但它因可以提供有价值的信息而大大减少动物消耗、经费和时间。因基因表达对低剂量也很敏感，所以它用于生物学试验时，可在近似于人暴露的低剂量水平进行研究，这样就可以避免试验结果由动物外推至人时所产生的误差，更真实地反映暴露水平下人体对化学物的反应。另外，微阵列芯片可以在基因水平帮助探索急性和慢性中毒之间的联系时，通过观察暴露时间和毒性所致的基因表达谱改变其之间的关系，可以由急性中毒监测慢性毒性效应，这意味着生物试验时间会缩短，并使试验剂量更接近于现实和节省相当可观的费用。

生物芯片技术已逐渐成为食品领域的研究热点，但该技术本身还有许多需要改进之处。首先，生物芯片的制作需要大量已测知的、准确的 DNA、cDNA 片段、抗原、抗体等信息。其次，目前生物芯片在技术上会呈现假阳性、假阴性。最后，样品制备和标记比较复杂，没有一个统一的质量控制标准。这些都在一定程度上限制了生物芯片技术在食品检测中的应用。生物芯片技术尽管存在一定的不足和局限，但该技术具有检测系统微型化、检测样品微量化的特点，同时兼具检测效率高的优点。随着研究的不断深入和技术的完善，生物芯片技术一定会在食品科学研究领域发挥越来越重要的作用。

二、生物传感器检测技术

（一）生物传感器的结构及特点

生物传感器是一种以生物活性单元（如酶、抗体、核酸、细胞等）作为敏感基元，对被分析物具有高度选择性的现代化分析仪器。它通过各种物理、化学换能器捕捉目标物与敏感基元之间的反应，然后将反应的程度用离散或连续的电信号表达出来，从而得出被分析物的浓度。信号的强弱在一定条件下与被测定的分子之间存在一定的比例关系，根据信号的强弱可以进行待测物质的分析、测定。

第一个生物传感器——葡萄糖传感器，是在 1967 年被制造出来的。它是将葡萄糖氧化酶包含在聚丙烯酰胺胶体中加以固化，再将此胶体膜固定在隔膜氧电极的尖端上，便制成了葡萄糖传感器。改用其他的酶或微生物等固化膜，便可制得检测其对应物的其他传感器。

生物传感器大致经历了三个发展阶段。第一代生物传感器是由固定了生物成分的非活性基质膜和电化学电极所组成；第二代生物传感器是将生物成分直接吸附或共价结合到转换器的表面，而无须非活性的基质膜，测定时不必向样品中加入其他试剂；第三代生物传感器是把生物成分直接固定在电器元件上，它们可以直接感知和放大界面物质的变化，从而把生物识别和信号的转换处理结合在一起。

生物传感器具有以下共同的结构：一种或数种相关生物活性材料及将其表达的信号转换为电信号的物理或化学换能器（传感器），二者组合在一起，用现代微电子和自动化仪表技术进行生物信号的再加工，构成各种可以使用的生物传感器分析装置、仪器和系统。

与传统方法相比，生物传感器具有如下优点：

（1）生物传感器是由选择性好的生物材料构成的分子识别元件，因此一般不需要样品的预处理，样品中的被测组分的分离和检测同时完成，且测定时一般不需加入其他试剂。

（2）生物传感器可以实现连续在线监测。

（3）生物传感器分析速度快，样品用量小，可以反复多次使用。

（4）生物传感器连同测定仪的成本远低于大型的分析仪器，便于推广普及。

（二）生物传感器在食品检测中的应用

1. 对食品微生物及毒素的检测

传统微生物检测方法一般都涉及对病原微生物的培养，形态及生理生化特性分析等程序，不仅成本高，而且速度慢、效率低，故食品行业一直渴求快速、可靠、简便的检测系统，而生物传感器检测可满足这些要求。应用压电晶体传感器、光纤免疫传感器、酶标免疫传感器等可以测定食品中的病原微生物。此外，应用双通道的表面声波生物传感器可以同时检测两种不同的微生物。应用免疫传感器可以实现鼠伤寒沙门氏菌的快速检测。

食品中的毒素不仅种类很多，而且毒性大，大多有致癌、致畸、致突变作用。因此，加强对食品中毒素的检测至关重要。应用表面等离子体共振免疫传感器和光纤免疫传感器检测玉米抽提物中天然污染的主要毒素组分伏马菌素 B 的浓度，检出下限分别达到 50ng/mL 和 10ng/mL。葡萄球菌肠毒素是引起人类食物中毒的主要原因，通过光纤传感器来测定火腿抽提物中该种毒素，检测灵敏度为 5ng/mL。同样，可用生物传感器检测的毒素还有蓖麻毒素、肉毒毒素等。

2. 对农药残留的检测

近年来，国内外学者就生物传感器在农药残留检测领域中的应用做了一些有益的探索。利用生物传感器的方法可以检测即食食品中杀虫剂残留物（如有机磷酸酯和氨基甲酸盐），与传统检测方法相比，生物传感器测定法与传统方法的检测结果较吻合，且无须对检测样品进行提取或预浓缩等复杂的前处理，检测灵敏度高，操作简便快捷。此外，表面等离子共振检测技术也可应用于农药检测研究，表面等离子共振检测技术生物传感器体积小、成本低、响应快、灵敏度高、实时在线检测和抗干扰能力强，因而非常适合用于现场的农药残留检测。

采用电导型生物传感器对食品农药如甲基马拉松、乙基马拉松、敌百虫等进行了测定，检出下限分别为 5×10^{-7}mol/L、1×10^{-8}mol/L、5×10^{-7}mol/L。采用免疫传感器测定牛乳中磺胺二甲嘧啶，检出下限低于 1×10^{-9}mol/L，传感器表面经处理后可重复使用。此外，分别以乙酰胆碱酯酶（AChE）和丁酰胆碱酯酶（BChE）为敏感元件，利用农药对靶标酶的活性抑制作用研制的传感器，可用于蔬菜等样品中有机磷农药的测定。

但是，目前在实际应用中由于检测限、灵敏度、重复性等问题，生物传感器在农药残留检测的实际应用上还有许多局限，大都只作为一种对大量样品进行快速筛选的方法和手段。因此，生物传感器在这一领域应用的潜力还有待进一步发掘。

3. 对食品添加剂的检测

亚硫酸盐通常被用作食品工业的漂白剂和防腐剂。采用亚硫酸盐氧化酶为敏感材料，制成电流型二氧化硫酶电极，可用于果干、酒、醋、果汁等食品中亚硫酸盐的测定。苯甲酸盐是食品工业中常用的另一种防腐剂，可用于软饮料、酱油和醋等食品中，通常采用气相色谱法测定，因此需要专有设备。应用 NADPH 作为电子传递体，根据苯甲酸盐氧化过程中氧的消失而导致的电流信号变化，可以制成苯甲酸盐酶电极，测定结果与气相色谱法分析结果一致。在乳酸含量的测定中，应用乳酸氧化酶电流式生物传感器分析发酵液或酒中的乳酸含量，可用于葡萄酒发酵过程的控制和优化，以及葡萄酒品质控制。

4. 对食品中重金属的检测

由于铅、汞等重金属离子可以在生物体内不断地沉积和富集，它们的污染对食品的品质和人类的健康都造成了极大的威胁。检测重金属离子的生物传感器主要基于重金属离子可以造成氧化酶和脱氢酶失活的原理，选择合适的酶并将其固定于亲和性膜上，结合 Clark 氧电极，通过计算氧的消耗速率就可以推知重金属的污染程度。目前，已有研究者以谷胱甘肽作为水溶液中检测重金属离子的生物传感器的生物识别元件。生物识别元件被固定在合适的信号转换器表面，由于连接金属离子的影响而在固定化肽层中产生的变化（氢离子释放、质量及光学特征变化）可被转换器转换成电信号。因此，谷胱甘肽适合作为重金属生物传感器的生物识别元件。

生物传感器作为一门实用性很强的高新技术，在各个现代科学和技术领域里都具有潜在的应用前景，因此备受人们的青睐。但迄今为止，除少数的生物传感器应用于实际测定外，大多还存在着急需解决的问题，如一些生物识别元件的长期稳定性、可靠性、一致性等方面有待提高。人们已经着力于新材料的开发和多功能集成型、智能型及仿生传感器的研究了。随着科技的发展，生物传感器在各个方面将会占据主导地位。

第二节　酶联免疫吸附技术和 PCR 检测技术

一、酶联免疫吸附技术

酶联免疫技术是将抗原抗体反应的特异性与酶的高效催化作用有机结合的一种方法。它以与抗体或抗原连接的酶作为标记物，通过底物的颜色反应做抗原或抗体的定性和定量检测。目前应用最多的酶联免疫技术是酶联免疫吸附法（ELISA）。

（一）ELISA 法的基本原理

ELISA 法是先将已知的抗体或抗原结合在某种固相载体上，并保持其免疫活性。测定时，将待检标本和酶标抗原或抗体按不同步骤与固相载体表面吸附的抗原或抗体发生反应，用洗涤的方法分离抗原抗体复合物和游离成分，然后根据底物颜色的有无及颜色的深浅判断阴性或阳性反应及反应强度，因此 ELISA 法可以用于定性或定量分析。

（二）目前常用的 ELISA 方法

1. 间接 ELISA 法

间接 ELISA 法是将已知抗原吸附在聚苯乙烯微量反应板的凹孔内，加入待测抗体，保温后形成抗原抗体复合物，洗去未结合的杂蛋白。加入酶标第二抗体，保温后洗去未结合的酶标第二抗体，加入底物后生成有色产物，终止酶促反应，用比色法测定吸光度值。

2. 双抗体夹心 ELISA 法

双抗体夹心法是检测抗原最常用的 ELISA 法，适用于检测分子中具有至少两个抗原决定簇的多价抗原。其基本工作原理是：利用连接于固相载体上的抗体和酶标抗体分别与样品中被检测抗原分子上两个抗原决定簇结合，形成固相抗体 - 抗原 - 酶标抗体免疫复合物。由于反应系统中固相抗体和酶标抗体的量相对于待测抗原是过量的，因此复合物的形成量与待测抗原的含量成正比。测定复合物中的酶作用于加入的底物后生成的有色物质量（吸光度值），即可确定待测抗原含量。

3. 竞争 ELISA 法

竞争 ELISA 法是将含有特异抗体的免疫球蛋白吸附在两个相同的载体 A 和 B 上，然后在 A 中加入酶标抗原和待测抗原，B 中只加入酶标抗原，其浓度与 A 中加入的酶标抗原的浓度相同。保温洗涤后加入底物呈色。待测液中未知抗原量越多，则酶标抗原被结合的量就越少，有色产物就越少，以此便可以测出未知抗原的量。

（三）ELISA 法的特点

（1）抗原与抗体的免疫反应是专一反应，而 ELISA 法以免疫反应为基础，所检测的对象是抗原（或抗体），因此具有高度特异性。

（2）酶联免疫吸附法是利用抗原抗体的免疫学反应和酶的高效催化底物反应的特点，具有生物放大作用，所以反应灵敏，可检出浓度在纳克级水平。

（3）ELISA 法所使用的试剂都比较稳定，按照一定的试验程序进行测定，试验结果重复性好，有较高的准确性，而且操作简便，可同时快速测定多个样品。

（四）ELISA 法在食品检测中的应用

1. 检测食品微生物及毒素

沙门菌是一种典型的病原微生物。应用一种全自动 ELISA 法沙门菌检测系统，将抗体包被到凹形金属片的内面，吸附被检样品中的沙门氏菌，只要把样品加到测定试剂孔，其余全部为自动分析，与传统分析法相比效率大大提高。此外，也可应用 ELISA 法检测金黄色葡萄球菌肠毒素等。

2. 检测食品中残留的农药

传统的农药残留检测方法如气相色谱法和高效液相色谱法能精确地检测残留的农药量，但需要昂贵的仪器设备、复杂的前处理、专业技术人员及较长的分析周期。近年来，农药的免疫检测技术作为快速筛选检测方法得到了快速发展。目前几乎所有农药类别都建立了酶联免疫分析方法，检测样本以农产品、食品、饲料和环境为主。欧洲、美国、日本、巴西等多个国家应用该技术对农产品中有毒物质残留进行生物技术监测研究。最近研制的通用型有机磷杀虫剂免疫检测试剂盒可以同时检测 8 种以上的有机磷农药。

3. 检测重金属污染

生物细胞在环境受重金属污染（Cu、Hg、Cd、Pb 等金属离子）的情况下，可被诱导合成大量的金属硫蛋白，它是一项对金属污染具有特异性的指标。金属硫蛋白是一类对重金属离子有很强亲和力、含丰富的半胱氨酸、不含芳香族氨基酸和组氨酸的低分子质量蛋白质。金属硫蛋白含有大量的巯基（-SH），能与重金属离子结合，对细胞内的金属离子有重要的解毒作用。用纯化的金属硫蛋白对兔进行免疫，获得的兔血清经纯化后标记辣根过氧化酶，应用酶联免疫吸附法可实现对食品中重金属污染的超微量检测。

二、PCR 检测技术

聚合酶链式反应（Polymerase Chain Reaction，PCR）体外扩增 DNA 已成为应用最广泛的一种生物技术。1985 年 K.Mullis 在研究 DNA 聚合酶反应时发明了这项技术。最初采用 Klenow 酶来扩增 DNA，但每次加热变性 DNA 时都会使酶失活，需要重新添加 DNA 聚合酶，因此使用不方便。1988 年，Saiki 等用耐热的 TaqDNA 聚合酶取代 Klenow 酶之后，才使这项技术成熟，从而被各领域广泛应用。

（一）PCR 技术基本原理

一个典型的 PCR 反应过程包括多个"变性（Denaturation）—退火（Annealing）—延伸（E-longation）"循环。其一般反应过程如下：

（1）变性将体系加热至 95℃左右并维持一定时间，使模板 DNA 互补双链解离成单链 DNA，以便它与引物结合，为下轮反应做准备。

（2）退火将体系温度降低至 50℃ ~ 60℃（一般以 55℃作为初选），让寡核苷酸引物与模板 DNA 单链上的互补序列杂交。同时，体系中的 DNA 聚合酶在此温度下也被部分激活，一旦引物与模板杂交，DNA 聚合酶就结合到杂交序列上使引物开始沿着模板 DNA 延伸。

（3）延伸将反应体系升温至 DNA 聚合酶的最佳扩增温度（大多数酶为 72℃），使引物延伸以最快速度完成。与模板 DNA 结合的引物在 DNA 聚合酶的作用下，以 dNTP 为反应原料，按碱基配对与半保留复制原理，合成一条新的与模板 DNA 链互补的 DNA 链。

（4）重复以上 3 步，根据所需产量，循环 25 ~ 40 次。

（5）将体系温度保持在 DNA 聚合酶的最佳扩增温度数分钟，使体系中未完成延伸的 DNA 链得以继续完成。

（6）将体系温度降低至 4℃，结束 PCR 过程。

（二）PCR 技术的特点

PCR 技术得以广泛应用，主要因其具有以下特点：

（1）高特异性。PCR 的特异性主要指扩增产物的专一性。其扩增产物的专一性由引物与 DNA 模板中靶序列互补的专一性决定，即取决于引物与模板 DNA 互补的特异性。因此，PCR 引物的设计直接关系着 PCR 反应的成败，要尽可能地避开重复序列，尽可能选择模板 DNA 中的单拷贝区。

（2）高敏感性。PCR 技术具有高度的敏感性，然而，高度的敏感性也使 PCR 反应极易产生交叉污染，因为如果反应条件特异性不高，极微量的污染物就能够产生大量的非特异性片段。

（3）高产率 PCR 技术能在 2～3h 内将靶 DNA 序列扩增到上百万倍的水平。

（三）常用的 PCR 技术

1. 普通 PCR

普通 PCR 是目前应用最为广泛的技术，是其他 PCR 技术的基础。通过对要扩增的目标 DNA 序列设计特异引物（或简并引物），优化反应条件，达到对目标序列扩增的目的。普通 PCR 技术广泛应用于分子生物学研究的各个领域，如病原菌的检测、转基因生物的检测、疾病的检测、基因的克隆、基因工程载体的构建等。

2. 巢式 PCR

巢式 PCR 技术是一种消除假阴性、假阳性，提高灵敏度的方法。巢式 PCR 技术设计两对引物，其中一对引物结合的位点在另一对引物扩增的产物之中。首先扩增大片段，其次以第一次扩增的产物作为模板，进行第二次扩增，这样通过产物的琼脂糖凝胶电泳比较就可以知道检测结果。如果第一次扩增是非特异的，而且扩增的片段大小与设计的相似，在电泳中无法区别，这时需要通过第二次扩增，由于第二对引物与扩增产物中没有配对的序列，因此不能扩增出产物。这样就消除了假阳性的干扰。同时，由于第一次扩增起到模板数量放大的作用，可使检测的灵敏度增加 3～6 个数量级。

3. 多重 PCR

多重 PCR 技术是在同一 PCR 反应体系里加入两对或两对以上引物，同时扩增出多个核酸片段的 PCR 反应，多重 PCR 的反应原理、反应试剂和操作过程与一般 PCR 相同。在许多领域，包括基因缺失分析、突变和多态性分析、定量分析等，多重 PCR 技术已经凸显它的价值，成为识别病毒、细菌、真菌和寄生虫的有效方法。

4. 降落 PCR

降落 PCR（TD PCR）主要用于优化 PCR 的反应条件。为了寻找最佳退火温度，设计多循环反应的程序以使相连循环的退火温度越来越低，由于开始的退火温度选在高于估计的 Tm 值，随着循环的进行，退火温度逐渐降到了 Tm 值，并最终低于这个水平。这个策略有利于确保第一个引物—模板杂交事件发生在最互补的反应物之间，不会产生非特异的 PCR 产物。最后虽然退火温度降到 PCR 特异的杂交 Tm 值，但此时目的产物已经开始扩增，在剩下的循环中处于超过任何滞后（非特异）PCR 产物的地位，这样非特异产物不会占据主导地位。

5. 反转录 PCR

反转录 PCR（RT-PCR）是在反转录酶的作用下，将 mRNA 反转录成 cDNA，然后再采用 PCR 对 cDNA 进行扩增和分析，从而实现对 mRNA 分析的方法。该方法将反转录和 PCR 结合在一起，是一种快速、简便、灵敏地测定 mRNA 的方法，运用这种方法可以检测出单个细胞中少于 10 个拷贝的 mRNA。在 RT-PCR 中，以 RNA 为模板，结合反转录反应与 PCR，为 RNA 病毒检测提供了方便，也为获得与特定 RNA 互补的 cDNA 提供了一条极为有利和有效的途径。

6. 原位 PCR

原位 PCR（In Situ PCR）就是在组织细胞里进行的 PCR 反应，它结合了具有细胞定位能力的原位杂交和高度特异敏感的 PCR 技术的优点，既能分辨、鉴定带有靶序列的细胞，又能标出靶序列的位置，对在分子和细胞水平上研究疾病的发病机理等有重要的实用价值。原位 PCR 的基本操作步骤如下：①将组织切片或细胞固定在玻片上；②蛋白酶 K 消化处理组织切片或细胞；③加适量的 PCR 反应液于处理后的材料处，盖上盖玻片，并以液体石蜡密封，然后直接放在扩增仪的金属板上，进行 PCR 循环扩增；④ PCR 扩增结束后，用标记的寡核苷酸探针进行原位杂交；⑤显微镜观察结果。原位 PCR 是在载玻片上进行 PCR，所以有时也称为玻片 PCR。

7. 竞争性 PCR

竞争性 PCR（Competitive PCR）是在 PCR 扩增时同时加入靶核酸模板和竞争核酸模板，它们在反应体系中竞争反应底物，当靶 RNA 模板的浓度高时，其扩增产物多，相应地竞争 RNA 模板的扩增产物就少，反之，靶 RNA 模板的产物少，竞争 RNA 模板的产物多。将不同浓度的竞争模板和特定量靶模板混合后，分别进行扩增，分析两种扩增产物的比值，以竞争 RNA 模板浓度为横坐标，两种扩增产物的比值为纵坐标作图，得到竞争曲线。当两种产物的比值等于 1 时，靶模板和竞争模板的量相等。因此，从曲线上可以得到靶模板的含量，从而实现靶模板的定量检测。

8. 实时定量 PCR

实时定量 PCR（Real-Time PCR）是近年来发展起来的新技术，这种方法既保持了 PCR 技术灵敏、快速的特点，又克服了以往 PCR 技术中存在的假阳性污染和不能进行准确定量的缺点。实时定量 PCR 技术是从传统 PCR 技术发展而来，其基本原理相同，但定量技术原理不同。实时定量技术应用了荧光染料和探针来保证扩增的特异性，并且通过荧光信号的强弱而准确定量。该技术在基因突变的检测、基因表达的研究、微生物的检测、转基因食品的检测等领域均有重要的应用价值。

（四）PCR 技术在食品检测中的应用

食品中污染微生物的种类很多，即使是同一种食品中的微生物种类也很多，因此很难用传统的检测方法分离出食品中的所有微生物，尤其是弱势菌。而应用 PCR 技术检测这些微生物可以避免这些问题。PCR 技术已成为调查食源性疾病暴发及鉴定相应病原菌的有力工具，可以提高检测灵敏度、缩短操作时间、提高检出率、有效检测食品中的致病微生物。随着人们对食品安全性要求的不断提高，PCR 技术将以其特异性强、灵敏度高和快速准确等优点在食品检测领域广泛应用。

第三节　色谱和质谱分析技术

一、色谱分析技术

1903 年，俄国科学家首创了一种从绿叶中分离多种不同颜色色素成分的方法，命名为色谱法（Chromatography），由于翻译和习惯的原因，又常称为层析法。之后，层析法不断发展，形式多种多样。20 世纪 50 年代开始，相继出现了气相色谱、液相色谱、高效液相色谱、薄层色谱、离子交换色谱、凝胶色谱、亲和色谱等。几乎每一种层析法都已发展成为一门独立的生化高新技术，在生化领域内得到了广泛的应用。

作为一种物理化学分离分析的方法，色谱技术是从混合物中分离组分的重要方法之一，能够分离物化性能差别很小的化合物。当混合物各组成部分的化学或物理性质十分接近，而其他分离技术很难或根本无法应用时，色谱技术愈加显示出其实际有效的优越性。色谱技术操作较简便，设备不复杂，样品用量可大可小，既可用于实验室的科学研究，又可用于工业化生产，它与光电仪器、电子计算机结合，可组成各种各样的高效率、高灵敏度的自动化分析分离装置。

（一）色谱技术的分类

1. 按两相所处的状态分类

流动相有两种状态，以液体作为流动相，称为液相色谱（Liquid Chromatography）；用气体作为流动相，称为气相色谱（Gas Chromatography）。固定相也有两种状态，以固体吸附剂作为固定相和以附载在固体上的液体作为固定相，所以层析法按两相所处的状态可以分为液 - 固色谱（Liquid-Solid Chromatography）、液 - 液色谱（Liquid-Liquid Chromatography）、气 - 固色谱（Gas-Solid Chroma-tography）、气 - 液色谱（Gas-Liquid Chromatography）。

2. 按层析过程的机制分类

（1）吸附色谱法（Absorption Chromatography）。是利用吸附剂表面对不同组分物理吸附性能的差别，而使之分离的色谱法。

（2）分配色谱法（Partition Chromatography）是利用固定液对不同组分分配性能的差别而使之分离的色谱法。在分配色谱法中，溶质分子在两种不相混溶的液相即固定相和流动相之间按照它们的相对溶解度进行分配。固定相均匀地覆盖于惰性载体 - 多孔的或非多孔的固体细粒或多孔纸上。为避免两相的混合，两种分配液体在极性上必须显著不同。若固定液是极性的（如乙二醇），流动相是非极性的（如乙烷），那么较强烈的极性组分将被保留。另外，若固定相是非极性的（如癸烷），流动相是极性的（如水），则极性组分易分配于流动相，从而洗脱得较快。后一种方法称作反相液 - 液色谱法。

（3）离子交换色谱法（Ion Exchange Chromatography）。是基于所研究或所分离物质的阳或阴离子和相对应的离子交换剂间的静电结合，即根据物质酸碱性、极性等差异，通过离子间的吸附和脱吸附而将电解质溶液各组分分开。离子交换色谱法包括离子交换剂平衡，样品物质加入和结合，改变条件以产生选择性吸附、取代、洗脱和离子交换剂再生等步骤。

（4）排阻色谱法（Eclusion Chromatography）。也称凝胶层析（Gel Chromatography）、分子筛层析（Molecular Sieve Chromatograyphy），它是按分子大小的差异进行分离的一种液相色谱方法。排阻色谱的固定相多为凝胶。凝胶是一种由有机分子制成的分子筛，其表面呈惰性，含有许多不同大小孔穴或立体网状结构。凝胶的孔穴大小与被分离组分大小相当，不同大小的组分分子可分别渗到凝胶孔内的不同深度。尺寸大的组分分子可以渗入凝胶的大孔内，但进不了小孔，甚至完全被排斥，先流出色谱柱。尺寸小的组分分子，大孔小孔都可以渗进去，最后流出。因此，大的组分分子在色谱柱中停留时间较短，很快被洗出。小的组分分子在色谱柱中停留时间较长。经过一定时间后，各组分按分子大小得到分离。

3. 按固定相分类

（1）柱层析（Column Chromatography）是通过将固定相装于柱内，使样品沿一个方向移动而达到分离。

（2）纸层析（Paper Chromatography）是用滤纸做液体的载体，点样后，用流动相展开，以达到分离鉴定的目的。

（3）薄层层析（Thin Layer Chromatography）是将适当粒度的吸附剂铺成薄层，以纸层析类似的方法进行物质的分离和鉴定。

（二）色谱技术在食品检验中的应用

目前，农药残留分析中的气相色谱法主要以毛细管柱气相色谱法为主。由于农药的种类很多，不同类型农药的结构差异很大，而每一种检测器仅能对一类或几类原子和官能团进行响应，因而不同类型的农药常常需要采用不同类型的检测器，又由于农药的残留量一般都很低，所以采用的检测器一般为高性能的选择性检测器，如分析有机氯类和拟除虫菊酯类农药采用电子捕获检测器，分析有机磷农药采用火焰光度检测器，分析氨基甲酸酯类农药采用氮磷检测器等。

高效液相色谱在农残测定中常用的色谱柱是反相的 C8 柱、C18 柱，常用的检测器有紫外检测器、二极管阵列检测器、荧光检测器及极具应用潜力的蒸发光散射检测器。其中，荧光检测器当前应用较多，根据氨基甲酸甲酯类农药在碱性条件下易产生甲胺，甲胺与苯二醛反应能产生高灵敏度荧光的特点，可用柱后衍生法、荧光检测器测定氨基甲酸甲酯类农药残留量，其检测灵敏度明显高于紫外检测器。

二、质谱分析技术

质谱分析技术是一种测量离子荷质比（电荷 - 质量比）的分析方法，其基本原理是使试样中各组分在离子源中发生电离，生成不同荷质比的带正电荷的离子，经加速电场的作用，形成离子束，进入质量分析器。在质量分析器中，利用电场和磁场使其发生相反的速度色散，通过将它们分别聚焦而得到质谱图，从而确定其质量。

（一）质谱仪的组成

质谱仪包括进样系统、离子源、质量分析器、离子检测器、真空系统及电学系统。离子源和质量分析器是质谱仪的核心，其他部分一般是根据离子源和分析器来相应地配备。

1. 进样系统

进样系统的作用是高效重复地将样品引入离子源中。目前常用的进样系统有三种：间歇式进样系统、直接探针进样系统及色谱进样系统。

2. 离子源

离子源的作用是将进样系统引入的气态样品分子转化成离子，并使这些离子在离子光源系统的作用下汇聚成具有一定几何形状和一定能量的离子束。由于离子化所需要的能量随分子不同差异很大，因此对不同的分子应选择不同的电离方法。在质谱分析中常用的电离方法有电子轰击、离子轰击、原子轰击、真空放电、表面电离、化学电离和光致电离等。

3. 质量分析器

质量分析器的作用是将离子源中形成的离子按荷质比的大小分开，以便进行质谱检测。质量分析器可分为静态和动态两类。

4. 离子检测器

离子检测器的作用是将从质量分析器出来的微小离子流接收、放大，以便记录。最常用的离子检测器有法拉第杯、电子倍增器及照相底片等，其中以电子倍增器最为常用。

5. 真空系统

真空系统提供和维持质谱仪正常工作所必需的高真空状态。一般的质谱仪器采用机械泵预抽真空后，再用高效率扩散泵连续运行以保持真空。先进的质谱仪采用分子泵可获得更高的真空度。

6. 电学系统

电学系统在现代质谱仪器中占相当大的比重，它使仪器获得生命力。电学系统为质谱仪器的每一个部件提供电源和控制电路，它的性能直接影响质谱仪器的主要技术指标和质谱分析的效果。

所有质谱仪都必须有以下几个技术指标：①质量范围——表示质谱仪所能分析的样品的原子或分子的质量由最小到最大的区间；②分辨率——表示质谱仪鉴别相邻质量离子束的能力，即区分相邻质谱峰的能力；③灵敏度——表示质谱仪中样品的消耗与接收到的信号之间的关系；④丰度灵敏度——描述强离子峰的拖尾对近弱离子峰的影响；⑤精密度——用以衡量测量结果之间的离散程度。

（二）质谱技术的分类

质谱仪种类非常多，其工作原理和应用范围也有很大的不同。从应用角度，质谱仪可以分为下面几类。

1. 有机质谱仪

由于应用特点不同，有机质谱仪又分为以下三种：

（1）气相色谱-质谱联用仪（GC/MS）。在这类仪器中，由于质谱仪工作原理不同，气相色增-质谱联用仪分为气相色谱-飞行时间质谱仪、气相色谱-离子阱质谱仪等。将两种仪器连接起来，利用气相色谱分离混合物，把分离开的样品组分再送入质谱仪中定性。这样既发挥了各自的优势，也弥补了各自的不足。至今，气相色谱-质谱联用已成为一种重要的分离分析手段。

（2）液相色谱-质谱联用仪（LC/MS）。如液相色谱-离子阱质谱仪、液相色谱-飞行时间质谱仪等。

（3）其他有机质谱。主要有基质辅助激光解吸飞行时间质谱仪（MALDI-TOF-MS）、傅里叶变换质谱仪（FT-MS）等。

2. 无机质谱仪

无机质谱仪与有机质谱仪工作原理不同的是物质离子化的方式，无机质谱仪是以电感耦合高频放电（ICP）或其他的方式使被测物质离子化。无机质谱仪主要用于无机元素微量分析和同位素分析等方面，分为火花源质谱仪、离子探针质谱仪、激光探针质谱仪、辉光放电质谱仪、电感耦合等离子体质谱仪等。

3. 同位素质谱仪

同位素质谱仪分析法的特点是测试速度快，结果精确，样品用量少（微克级），能精确测定元素的同位素比值。其广泛用于核科学、地质年代测定、同位素稀释质谱分析、同位素示踪分析。

因为有些仪器带有不同附件，具有不同功能，而且有的质谱仪既可以和气相色谱相连，又可以和液相色谱相连，因此以上的分类并不十分严谨。在以上各类质谱仪中，数量最多、用途最广的是有机质谱仪。除上述分类外，还可以从质谱仪所用的质量分析器的不同，把质谱仪分为双聚焦质谱仪、四极杆质谱仪、飞行时间质谱仪、离子阱质谱仪、傅里叶变换质谱仪等。

（三）质谱技术在食品检测中的应用

近年来，随着对农药残留研究的不断深入，农药残留检测方法日趋完善，并向简单、快速、灵敏、低成本、易推广的方向发展。其中 GC/MS 分析方法因具有准确、灵敏、快速、同时测定食品中多种农药残留及代谢物的优点而被广泛采用。传统的分析方法常常采用气相色谱的各种选择性检测器，但它们只能对一类农药进行分析检测，而且仅仅依靠保留时间定性，不适合进行多残留分析。GC/MS 方法可以同时检测多种类型的农药，而且对检测对象可进行准确定性、定量。此外，GC/MS 方法也可应用于非法添加的盐酸克伦特罗的检测。盐酸克伦特罗俗称"瘦肉精"，是强效选择性 β - 受体激动剂。人体过量地摄入这种药物会发生中毒，因此很多国家严禁使用含有此类药物的动物饲料。在肉样分析中可以应用固相萃取与气相色谱 - 质谱联用检测盐酸克伦特罗的残留量。

随着科学技术的进步，食品安全检测高新技术的发展十分迅速，其他学科的先进技术不断应用到食品安全检测领域中来，大大提高了食品安全检测的灵敏度和准确性。近年来，食品行业的科研人员在应用化学比色技术、分子生物学技术、酶抑制技术、免疫分析、纳米技术以及生物传感器等技术的基础上，开发出许多自动化程度和精度都很高的食品安全快速检测仪器，实现了农药残留、兽药残留、微生物、重金属、毒素、添加剂等检测的快速筛选。因此，食品安全检测高新技术是多学科先进技术融合的结晶，必将在食品安全检测方面发挥重要作用。

第十章　食品安全性评价

食品安全性评价的依据是人类或社会能够接受的安全性。安全是相对的，绝对的安全是不存在的，在不同历史阶段和不同国家环境下，虽然食品安全针对的目标可能差异较大，但食品安全是人们对所用食品的一个基本要求。

第一节　食品中危害成分的毒理学评价

食品安全性评价的科学基础是利用毒理学原理和手段，通过动物实验和对人的观察，阐明某一（化学）物质的毒性及其潜在危害，以便为人类使用这些化学物质的安全性做出评价，为制定预防措施特别是卫生标准提供理论依据。

一、准备工作

（一）受试物的要求

受试物是能代表人体进食的样品，必须是符合既定的生产工艺和配方的规格化产品。受试物纯度应与实际使用的相同，在需要检测高纯度受试物及其可能存在杂质的毒性或进行特殊试验时，可选用纯品或以纯品和杂质分别进行毒性检测。对受试物的用途、理化性质、纯度、所获样品的代表性以及与受试物类似的或有关物质的毒性等信息要进行充分了解和分析，以便合理设计毒理学试验、选择试验项目和试验剂量。

（二）估计人体可能的摄入量

经过调查、研究和分析，对人群摄入受试物的情况做出估计，包括一般人群摄入量、每人每日平均摄入量、某些人群最高摄入量等。只有掌握了人体对受试物的摄入情况，即可结合动物试验的结果对受试物的危害程度进行评价。

二、毒理学评价试验程序的选择

毒理学评价试验包括四个阶段：第一阶段为急性毒性试验；第二阶段包括遗传毒

性试验，传统致畸试验和短期喂养试验；第三阶段为亚慢性毒性试验（90d 喂养试验、繁殖试验、代谢试验）；第四阶段是慢性毒性试验（包括致癌试验）。并非所有受试物均需做四个阶段的试验，不同受试物可按照以下原则进行选择：

（1）凡属国内创新的化学物质，一般要求进行四个阶段的试验，特别是对其中化学结构提示有慢性毒性或致癌作用可能者，或者产量大、使用面积广、摄入机会多者，必须进行四个阶段试验。同时，在进行急性毒性、90d 喂养试验和慢性毒性（包括致癌）试验时，要求用两种动物。

（2）凡属与已知物质（指经过安全性评价并允许使用者）的化学结构基本相同的衍生物，则可根据第一、第二、第三阶段试验的结果，由有关专家进行评议，决定是否需要进行第四阶段试验。

（3）凡属已知的化学物质，如多数国家已允许使用于食品，并有安全性的证据，或世界卫生组织已公布日许量者，同时国内的生产单位又能证明国产产品的理化性质、纯度和杂质成分及含量均与国外产品一致，则可只进行第一、第二阶段试验。如试验结果与国外相同产品一致，一般不再继续进行试验，否则应进行第三阶段实验。

三、毒理学试验及其结果判定

（一）急性毒性试验

急性毒性实验是指一次给予受试物或在 24h 内多次给予受试物，观察引起动物毒性反应的试验方法。进行急性毒性试验的目的是了解受试物的毒性强度和性质，为蓄积性和亚慢性试验的剂量选择提供依据。急性毒性试验一般分别用两种性别的小鼠或大鼠作为受试动物，进行 LD50 的测定。LD50（Median Lethal Dose），即半数致死量或称致死中量，指受试动物经口一次或在 24h 内多次染毒后，能使受试动物有半数（50%）死亡的剂量，单位为 mg/kg。LD50 是衡量化学物质急性毒性大小的基本数据，其倒数表示在类似试验条件下不同化学物质毒性强弱。但 LD50 不能反映受试物对人类长期和慢性的危害，特别是对急性毒性小的致癌物质无法进行评价。

（二）遗传毒性试验、传统致畸试验和短期喂养试验

1. 试验目的及方法

遗传毒性试验的目的是对受试物的遗传毒性和潜在致癌作用进行筛选。遗传毒性试验需在细菌致突变试验、小鼠骨髓微核率测定或骨髓细胞染色体畸变分析、小鼠精子畸形分析和睾丸染色体畸变分析等多项备选试验中选择四项进行，试验的组合必须遵循原核细胞和真核细胞、生殖细胞与体细胞、体内和体外试验相结合的原则。

致畸试验：致畸试验是了解受试物对胎仔是否具有致畸作用。

短期喂养试验：短期喂养试验是对只需进行第一、第二阶段毒性试验的受试物进行短期喂养试验，目的是在急性毒性试验的基础上，通过 30d 短期喂养试验，进一步了解其毒性作用，初步估计最大无效剂量。

蓄积毒性试验：蓄积毒性试验的目的是了解受试物在体内的蓄积情况，如果一种外来化学物质多次进入机体，其前次进入剂量尚未完全消除，后一次剂量又已经进入，则这一化学物质在体内的总量将不断增加，此种现象称为蓄积性。当有毒化学物质每次在体内蓄积一定数量后，蓄积总量超过中毒阈剂量，即超过能使机体开始出现毒性反应的最低剂量时，机体就可呈现毒性作用。

蓄积试验通常采用蓄积系数法或 20d 试验法。蓄积系数法是将某种化学物质按一定时间间隔，分次给予动物，经过一定时间反复多次给予后，如果该物质全部在体内蓄积，则多次给予的总剂量与一次给予同等剂量的毒性相当；反之，如果该化学物质在体内仅有一部分蓄积，则分次给予总量的毒性作用与一次给予同等剂量的毒性作用将有一定程度的差别，而且蓄积性越小，相差程度越大。因此，用蓄积系数 K 来表示一种化学物质蓄积性大小，K 等于一次给予所需的剂量 LD_{50} 与分次给予所需的总剂量 LD_{50}（n）之比，即 $K = LD_{50}/LD_{50}$（n）。

K 值越大，表示蓄积性越弱；K 值越小，表示蓄积性越强。一般 K 值估计蓄积性方法为：K < 1 为高度蓄积，K≥1 为明显蓄积，K≥3 为中等蓄积，K≥5 为轻度蓄积。

2. 结果判定

遗传毒性试验的四项试验中如其中三项试验为阳性，则表示该受试物很可能具有遗传毒性作用和致癌作用，一般应放弃该受试物应用于食品，无须进行其他项目的毒理学试验；如其中两项试验为阳性，而且短期喂养试验显示该受试物具有显著的毒性作用，一般应放弃该受试物用于食品；如短期喂养试验显示有可疑的毒性作用，则经初步评价后，根据受试物的重要性和可能摄入量等，综合权衡利弊再作出决定；如其中一项试验为阳性，则再选择其他两项遗传毒性试验；如再选的两项试验均为阳性，则无论短期喂养试验和传统致畸试验是否显示有毒性与致畸作用，均应放弃该受试物用于食品；如有一项为阳性，而在短期喂养试验和传统致畸试验中未见有明显毒性与致畸作用，则可进入第三阶段毒性试验。如四项试验均为阴性，则可进入第三阶段毒性试验。

（三）亚慢性毒性试验

亚慢性毒性试验包括 90d 喂养试验、繁殖试验和代谢试验。

1. 试验目的及方法

90d 喂养试验主要是观察受试物以不同剂量水平经较长期喂养后对动物的毒性作用性质和靶器官，并初步确定最大无效剂量。繁殖试验可了解受试物对动物繁殖及对仔代的致畸作用，为慢性毒性和致癌试验的剂量选择提供依据。代谢试验可了解受试物在体内的吸收、分布和排泄速度及蓄积性，寻找可能的靶器官，为选择慢性毒性试验的合适动物种系提供依据，同时了解有无毒性代谢产物的形成。对于我国创制的化学物质或是与已知物质化学结构基本相同的衍生物，至少应进行以下几项试验：胃肠道吸收；测定血浓度，计算生物半减期和其他动力学指标；主要器官和组织中的分布；排泄（尿、粪、胆汁）。有条件时可进一步进行代谢产物的分离和鉴定。对于世界卫生组织等国际机构已认可或两个及两个以上经济发达国家已允许使用的以及代谢试验资料比较齐全的物质，暂不要求进行代谢试验；对于属于人体正常成分的物质可不进行代谢试验。

2. 结果评价

根据上述三项试验中所采用的最敏感指标所得的最大无效剂量进行评价，原则是：最大无效剂量小于或等于人的可能摄入量的 100 倍者表示毒性较强，应放弃该受试物用于食品；最大无效剂量大于 100 倍而小于 300 倍者，应进行慢性毒性试验；大于或等于 300 倍者则不必进行慢性毒性试验，可进行安全性评价。

（四）慢性毒性（包括致癌）试验

慢性毒性试验实际上是包括致癌试验的终生试验。其试验目的是发现只有长期接触受试物后才出现的毒性作用，尤其是进行性或不可逆的毒性作用及致癌作用；确定最大无作用剂量，为最终评价受试物能否应用于食品提供依据。其试验项目可将两年慢性毒性试验和致癌试验结合在一个动物试验中进行。用两种性别的大鼠或小鼠，根据慢性毒性试验所得的最大无效剂量进行评价，原则是：如慢性毒性试验所得的最大无效剂量小于或等于人的可能摄入量的 50 倍者，表示毒性较强，应予放弃；大于 50 倍而小于 100 倍者，需由有关专家共同评议；大于或等于 100 倍者，则可考虑允许使用用于食品，并制定每日允许量。如在任何一个剂量水平上发现有致癌作用，且有剂量反应关系，则需由有关专家共同评议做出评价。慢性毒性试验是到目前为止评价受试物是否存在进行性或不可逆反应以及致癌性的唯一适当的方法。

四、进行食品安全性评价时需要考虑的因素

（一）人的可能摄入量

除一般人群的摄入量外,还应考虑特殊和敏感人群(如儿童、孕妇及高摄入量人群)的摄入量。

（二）人体资料

由于存在着动物与人之间的种族差异，在将动物试验结果推广到人时，应尽可能收集人群接触受试物后反应的资料，如职业性接触和意外事故接触等。志愿受试者体内的代谢资料对将动物试验结果推广到人具有重要意义。在确保安全的条件下，可以考虑按照有关规定进行必要的人体试食试验。

（三）动物毒性试验和体外试验资料

食品安全国家标准《食品安全性毒理学评价程序》（GB 15193.1—2014）中所列的各项动物毒性试验和体外试验系统虽然仍有待完善，却是目前所能得到的最重要的资料，也是进行食品安全性评价的主要依据。当试验得到阳性结果，而且结果的判定涉及受试物能否应用于食品时，需要考虑结果的重复性和剂量 - 反应关系。

（四）由动物毒性试验结果推广到人

鉴于动物、人的种属和个体之间的生物特性差异，食品安全性评价一般采用安全系数的方法，以确保对人的安全性。安全系数通常为 100 倍，但可根据受试物的理化性质、毒性大小、代谢特点、接触的人群范围、食品中的使用量及使用范围等因素，综合考虑增大或减小安全系数。

（五）代谢试验的资料

代谢研究是对化学物质进行毒理学评价的一个重要方面，因为不同化学物质、剂量大小，在代谢方面的差别往往对毒性作用影响很大。在毒性试验中，原则上应尽量使用与人具有相同代谢途径和模式的动物种系来进行试验。研究受试物在实验动物和人体内吸收、分布、排泄和生物转化方面的差别，对于将动物试验结果比较正确地推广到人群具有重要意义。

毒理学研究结果并不能简单地直接应用于人群，因为将实验动物小鼠的试验结果应用于 70kg 体重的人体是不合理的。从实验动物获得的数据推广到人群进行定量的危险评价时需要三个重要的假设：①实验动物和人群的反应要相对高；②实验暴露的

反应与人的健康有关，并可外推到环境暴露（包括食品摄入）水平；③动物试验表明物质的所有反应，这个物质对人有潜在的毒副作用。通常在进行定量风险评价时可能有很大程度的不确定性。

（六）综合评价

在进行最后评价时，必须在受试物可能对人体健康造成的危害以及可能的有益作用之间进行权衡。评价的依据不仅是科学试验资料，而且与当时的科学水平、技术条件，以及社会因素有关。因此，随着时间的推移，很可能结论也不同。随着情况的不断改变、科学技术的进步和研究工作的不断进展，对已通过评价的化学物质需进行重新评价，得出新的结论。食品安全性评价与食品风险分析对已在食品中应用了相当长时间的物质，对接触人群进行流行病学调查具有重大意义，但往往难以获得剂量 - 反应关系方面的可靠资料，对于新的受试物质，则只能依靠动物试验和其他试验研究资料。然而，即使有了完整和详尽的动物试验资料和一部分人类接触者的流行病学研究资料，由于人类的种族和个体差异，也很难做出能保证每个人都安全的评价。所谓绝对的安全实际上是不存在的。根据上述材料，进行最终评价时，应全面权衡和考虑实际可能，在确保发挥该受试物的最大效益，以及对人体健康和环境造成最小危害出发得出结论。

将食品安全毒理学试验简要归纳如下所述：

1. 急性试验（一次暴露或剂量）

（1）测定半数致死量（LD50）。

（2）急性生理学变化（血压，瞳孔扩大等）。

2. 亚急性试验（连续暴露或每日剂量）

（1）3 个月持续时间。

（2）2 个或 2 个以上的实验动物（一种非啮齿动物类）。

（3）3 个剂量水平（至少）。

（4）按预期或类似途径处理（受试物）。

（5）健康评价包括体重、全面身体检查、血液化学、血液学、尿分析和功能试验。

3. 慢性试验（连续暴露或每日剂量）

（1）2 年持续时间（至少）。

（2）从预试验筛选两种敏感实验动物。

（3）2 个剂量水平（至少）。

（4）类似接触（暴露）途径处理（受试物）。

（5）健康评价包括体重、全面检查、血液化学、血液学、尿分析和功能试验。

（6）所有动物全面的尸检和组织病理学检查。

4. 特殊试验

（1）致癌性。

（2）致突变性。

（3）致畸胎性。

（4）繁殖试验。

（5）潜在毒性。

（6）皮肤和眼睛刺激试验。

（7）行为反应。

第二节 食品中农药和兽药的安全性评价

一、食品中农药的安全性评价

食品中的农药主要是农药残留所致，农药残留是指农药使用后残存于生物体、农副产品和环境中的微量农药原体、有毒代谢物、降解物和杂质的总称。对农药本身的毒性评价应包括农药转化毒性、遗传毒性、致癌性、生殖毒性、神经毒性及风险评估等评价方式，常规操作方式是按照制定的国家标准分析食品中最高残留限量和每日允许摄入量（ADI）来分析对人的危害程度。

食品中农药的安全性评价主要依据 GB 2763-2016《食品中农药最大残留限量》。中国目前已规定了食品中 2，4-D 等 433 种农药的 4140 项最大残留限量。初步奠定了中国农药残留标准体系框架。目前中国农药残留标准工作起步较晚，而且基础薄弱、标准数量少、标准制定滞后、标准制定技术落后等问题比较突出。

目前农业生产中常用农药（原药）的毒性综合评价（急性口服、经皮毒性、慢性毒性等），分为高毒、中等毒、低毒三类。

（1）高毒农药（LD50 < 50mg/kg）有 3911、苏化 203、1605、甲基 1605、1059、杀螟威、久效磷、磷胺、甲胺磷、异丙磷、三硫磷、氧化乐果、磷化锌、磷化铝、氰化物、呋喃丹、氟乙酰胺、砒霜、杀虫脒、西力生、赛力散、溃疡净、氯化苦、五氯酚、二溴氯丙烷、401 等。

（2）中等毒农药（LD50 在 50 ~ 500mg/kg 之间）有杀螟松、乐果、稻丰散、乙硫磷、亚胺硫磷、皮蝇磷、六六六、高丙体六六六、毒杀芬、氯丹、滴滴涕、西维因、害扑威、叶蝉散、速灭威、混灭威、抗蚜威、倍硫磷、敌敌畏、拟除虫菊酯类、克瘟散、稻瘟净、敌克松、402、福美砷、稻脚青、退菌特、代森胺、代森环、2，4-D、燕麦敌、毒草胺等。

（3）低毒农药（LD50＞500mg/kg）有敌百虫、马拉硫磷（马拉松）、乙酰甲胺磷、辛硫磷、三氯杀螨醇、多菌灵、托布津、克菌丹、代森锌、福美双、萎锈灵、异草瘟净、乙磷铝、百菌清、除草醚、敌稗、阿特拉津、去草胺、拉索、杀草丹、2甲4氯、绿麦隆、敌草隆、氟乐灵、苯达松、茅草枯、草甘膦等。

（一）农药遗传毒性评价

通过农药遗传毒性评价，可根据它的诱变性预测致癌性及对人体健康的不利影响。其评价方法包括污染物致突变性检测试验（Ames 试验，Salmonella Typhimurium/ Microsomeassay）、染色体畸变试验、微核试验、紧急易错性修复反应（SOS 反应）、32P 标记法、加速器质谱技术、溴化乙锭荧光法、单细胞凝胶电泳试验、姊妹染色单体交换试验等。但目前农药遗传性评价多停留在实验室阶段，在实际中应用得较少。

农药遗传毒性产生机制包括：①代谢活化。某些农药代谢后毒性降低，有些农药经代谢后毒性比母体更强，如马拉硫磷。②形成 DNA 加合物和交联物。由于 DNA 形成加合物和交联物使其不能复制和转录，严重时可造成细胞死亡，如有机磷农药。③与活性氧化物有关，如精喹禾灵在代谢中可形成活性氧化物而产生毒性。④通过 DNA 以外的途径。七氯是肿瘤促进剂，它能激活信号转导途径中关键激酶和抑制细胞凋亡。

（二）农药的致癌性评价

某些肿瘤如儿童的脑癌、白血病与其父母在围生期职业性或生活性接触化学农药有一定的相关性。怀孕母亲食用农药，其子女患脑癌危险度明显增加。美国环保署于2008 年公布了使用的农药危险性名单中 B 类（很可能的人类致癌物）27 个，C 类（可能的人类致癌物）65 个，对人类可能具有致癌性 34 个，证据提示存在致癌可能性36 个。在评价农药和化学品潜在致癌性时侧重于"危害、剂量 - 反应评估、暴露评估、危险特征描述及作用反方式的应用"，同时也要考虑农药的致癌强度及人类接触的可能性。农药的致癌性评价目前还没有一致性的统一方法，因为农药种类多，肿瘤的种类也极其复杂，机制不同，因此对这方面评价还需要探讨。

（三）农药的生殖毒性评价

哺乳动物的生殖过程包括生殖细胞（精细胞和卵细胞）的形成，卵细胞受精、着床、胚胎形成、器官发生、胎儿发育以及分娩与授乳过程。有些农药与身体接触后不仅能干扰上述过程的任何环节，还可通过神经系统、内分泌腺，特别是性腺功能的作用产生间接影响，导致生殖过程出现异常。

生殖毒性试验包括多代生殖试验、致畸试验。农药对生殖系统较其他系统更为敏感，而且其毒性作用不仅发生在接触化合物的机体本身，还可能影响仔代。为此，对农药做器官形成期致畸试验和繁殖试验已列入毒理学安全评价试验规范，也是申请农药登记的必备资料之一。

（四）农药的神经毒性评价

多种农药具有神经毒性，可分为急性神经毒性、迟发神经毒性及慢性神经毒性。

（1）急性神经毒性。有机磷和氨基甲酸酯类农药能迅速抑制胆碱酯酶而阻断胆碱传递，引起一系列神经症状，通过测定红细胞乙酰胆碱酯酶活力来评价神经突触的乙酰胆碱酯酶活力。

（2）迟发神经毒性。有些有机磷农药引起人和鸡的迟发神经毒性，即在急性中毒后 7 ~ 20d 出现肢体麻痹和运动失调。在磷酸酯的外消旋混合物中，能够形成会老化的蛋白质 - 磷脂复合物的光学异构体，可引起迟发性神经病。

（3）慢性神经毒性　慢性神经毒性是指农药在长时间、低浓度下对生物体神经系统产生的毒性作用。这种毒性作用往往不是立即显现的，而是经过一段时间的累积后才逐渐表现出来，可能涉及神经系统的多个方面，如神经传导、神经递质平衡、神经元结构等。

（五）食品中农药残留类危害物风险评估

农药使用目的是保护农作物免受病虫害的侵袭，但农药使用后一般会在目标作物上、使用者身上、其他相关人、物以及环境中产生相应的农药残留。控制这种风险，就要从农药的使用量、所造成的残留范围、它们的作用效果和致命性，以及该农药的其他来源方式和其他的相关农药的暴露方面做全面的风险评估。在日常管理上实行全国范围内的农药注册，识别和设定最大农药使用量，这样既能有效地防治植物病虫害，又能保证把农药使用者的风险降到最低，还能使食品和环境中的有毒物质残留降低到人类可接受水平。

农药残留急性摄食风险评估直到最近才引起世界范围的广泛关注。目前，农药残留联席会议（Joint Meeting of Pesticide Residues，JMPR）在国际范围内研究农药急性摄食风险评估，并对推荐的农药最大残留限量（MRLs）、每日容许摄入量（ADI）和急性参考剂量（ARfD）提出了建议；食品中农药残留法典委员会（CCPR）负责制定食品中农药残留最大限量标准，并对农残检验方法提出建议；美国、英国、荷兰、澳大利亚和新西兰也开始进行国家农药急性摄食风险评估。

1. 危害识别

农药残留危害识别的目的是识别人体暴露在一种农药残留情况下对健康所造成的

潜在负面影响，识别这种负面影响发生的可能性及与之相关联的确定性和不确定性。农药残留危害识别不是对暴露人群的风险进行定量的外推，而是对暴露人群发生不良作用的可能性做定量评价。

由于在实际工作中经常存在数据不充分的局面，这一步骤需要对来源于适当数据库、经同行专家评审的文献以及从未发表的相关研究中获得比较充足的相关科学信息，进行充分的评议。在操作时对不同研究的重视程度按如下顺序：流行病学研究数据、实验动物毒性风险评估、短期试验与体外试验研究以及最后的分子结构比较。

（1）流行病学研究数据。流行病学中的阳性数据在风险评估中是非常科学的证据，从人类临床医学研究得来的数据，在危害识别及其他步骤中应得到充分利用。但对大多数农药化学物质来说，临床医学数据和流行病学数据是很难得到的。阴性流行病学数据很难在风险评估中做出相应的解释，因为大多数流行病学数据的统计结果不足以说明相对低剂量的农药化学物质对人体健康存在潜在的影响。为风险评估而进行的流行病学研究数据必须是用公认的标准程序进行的，而且必须考虑人群的以下因素：人敏感性的个体差异、遗传的易感性，与年龄和性别相关的易感性，以及其他受影响的因素，如社会经济地位、营养状况和其他可能的复杂因素的影响。

（2）实验动物毒性风险评估。大部分毒理学数据来源于实验动物，动物试验必须遵循标准化试验程序。一般情况下，食品安全风险评估使用充足最小量的有效数据，包括规定的品系数量、两种性别、正确的选择剂量、暴露路径，以及充足的样品数量。长期的（慢性）动物毒性研究数据是非常重要的，包括肿瘤、生殖 / 发育作用、神经毒性作用、免疫毒性作用等。试验动物毒理学研究应该设计成可以识别 NOEL（无效反应剂量）、NOAEL（可观察的无副作用剂量水平）或临界剂量。

实验动物毒性风险评估应该考虑化学物质特性（给药剂量）和代谢物毒性（作用剂量）。基于这种考虑，应该研究化学物质的生物利用率（原形化合物、代谢产物生物利用率）具体到组织通过特定的膜吸收（如肠等消化道），在体内循环，最终到作用靶位。

（3）短期试验与体外试验研究。短期试验既快速又经济，可用来探测化学物质是否具有潜在致癌性，对动物试验或流行病学调查的结果引用也是非常有价值的。可以用体外试验资料补充作用机制的资料，如遗传毒性试验。这些试验必须遵循良好实验室规范或其他广泛接受的程序。然而，体外试验的数据不能作为预测对人体危险性的唯一资料来源。

（4）分子结构比较。分子结构活性关系的研究对提高人类健康危害识别的可靠性也是有一定作用的。在化合物的级别很重要的物质中（如多环芳香烃、多氯联苯和二噁英），同一级别的一种或多种物质有足够的毒理学数据，可以采用毒物当量预测人类暴露在同一级别其他化合物下的健康状况。

将危害物质的物化特性与已知的致癌性（或致病性）做比较，可以知道此危害物质的潜在致癌力（致病力），从许多试验资料显示致癌力确实与化学物质的结构和种类有关。这些研究主要是为了更进一步证实潜在的致癌（致病）因子，以及建立对致癌能力测验的优先顺序。

2. 危害描述

食品中的农药残留含量通常是很低的，多在百万分之一级或更低。要获得充足的灵敏度，实验动物毒理学评价必须在可能超标的高水平上，这要依靠化学物质的内在毒性，浓度在几千毫克每升。

（1）剂量 - 反应外推。为了比较人类暴露水平，试验动物数据需要外推到比它低得多的剂量。依据危害物和某种危害间的剂量反应关系曲线，求得无效反应剂量（NOEL）、有效反应最低剂量（LOEL），以及半数致死剂量（LD50）或半数致死浓度（LC50）等数据。这些外推步骤无论在定性还是定量上都存在不确定性。危害物的自然危害性可能会随着剂量改变而改变或完全消失。

（2）剂量缩放比例。动物和人体的毒理学平衡剂量一直存在争议，JECFA 和 JMPR 是以每公斤（kg）体重的毫克数（mg）作为中间缩放比例。最近美国官方基于药物代谢动力学提出新的规范，以每 3/4kg 体重的毫克数 mg 作为缩放平衡比例。理想的缩放因素应该通过测定动物和人体组织的浓度以及靶器官的清除率来获得。

（3）遗传毒性与非遗传毒性致癌物。遗传毒性致癌物是能够引起靶细胞直接和间接基因改变的化学物质。遗传毒性致癌物的主要作用靶位是基因，非遗传致癌物作用在其他遗传位点，导致强化细胞增殖或在靶位上维持机能亢进或机能不良。遗传毒性致癌物与非遗传毒性致癌物之间存在种属间致癌效应的差别。相比非遗传毒性致癌物，遗传毒性致癌物没有阈值剂量。艾姆斯试验（Ames）试验能够用来鉴别引起 DNA 突变的化学物质。

现在许多国家的食品安全管理机构，对遗传毒性致癌物和非遗传毒性致癌物都进行了区分，采用不同的方法进行评估。致癌物分类法是有助于建立评估摄入化学物致癌风险的方法。在证明某一物质属于非遗传毒性致癌物之前，往往需要提供致癌作用机制方面的科学资料。

（4）有阈值的物质。实验获得的 NOEL 或 NOAEL 值乘以合适的安全系数等于安全水平或每日容许摄入量 ADI。这种计算方式的理论依据是，人体和实验动物存在合理的可比较剂量的阈值。人可能要更敏感一些，遗传特性的差别更大一些，人类的饮食习惯更多样化。ADI 的差异就构成了一个重要的风险管理问题，这类问题值得有关国际组织的重视。

ADI 提供的信息是：如果该种化学物质的摄入量小于或等于 ADI 值时，不存在明显的风险。ADI 的另外一条制定途径就是摆脱对 NOEL/NOAEL 的依赖，采用一个较低的有作用剂量，这种方法称为基准剂量（Benchmark Dose）法，它更接近可观察到的剂量 - 反应范围内的数据，但它仍旧要采用安全系数。以基准剂量为依据的 ADI 值可能会更准确地预测低剂量时的风险，但可能与基于 NOEL/NOAEL 的 ADI 无明显差异。

（5）无阈值的物质。对遗传致癌物的管理办法有两种：①禁止商业化使用该种化学物品；②建立一个足够小的、被认为是可以忽略的、对健康影响甚微的或社会能够接受的风险水平。在应用后者的过程中要对致癌物进行定量风险评估。运用线性模型作风险描述时，一般以"合理的上限"或"最坏估计量"等来表达。对农药残留采用一个固定的风险水平是比较切合实际的，如果预期的风险超过了可接受的风险水平，这种物质就可以被禁止使用。但对于确定会污染环境的禁止使用的农药，很容易超过规定的可接受水平。

3. 暴露评估

（1）膳食摄入量的估计

①预测总膳食摄入：在实际膳食摄入缺乏数据的情况下，很有必要对消费者面临的潜在风险，从估算总膳食摄入到分析每一餐的摄入进行评价。这种预测需要食品中残留水平和该种食品的消费量的数据，当然，要做出正确的评估还需要许多可以获得的定性和定量数据。不同的预测方法可以产生不同的数值，但不管使用何种方法，有效地估算膳食摄入农药残留量，需考虑以下数值：a. 充分了解农药的使用情况（不仅仅是注册的农药）；b. 食物商品消费占膳食摄入的比例；c. 最大残留量，平均或在收获期最可能预测的残留量；d. 农作物中农药残留的传播和分割，以及在烹饪和食品加工过程中农药残留的变化情况。

②饮食因素的使用：虽然饮食方式多种多样，WHO 采用计算机研究方式，主要针对全球文化、地区差别、年龄差别以及其他饮食情况的假想。更准确的饮食因素能够基于一定的数值间隔，0.1、0.2、0.5、1、2、5、10、20（作为 MRLs）食物商品占饮食比例小于 0.5% 的可以忽略，计入评估饮食农药残留的只考虑主要的食物商品。这样人类饮食的主要农作物商品将不超过 30 种。

③膳食摄入的计算：膳食调查的目的是了解调查期间被调查者通过膳食所摄取的热能和营养素的数量和质量，对照膳食营养供给量（RDA）评定其营养需要得到满足的程度。膳食调查既是营养调查的一个组成部分，本身又是一个相对独立的内容。单独膳食调查结果就可以成为对所调查人群进行改善营养咨询指导的依据。膳食调查方法有以下几种：a. 称重法；b. 查账法；c. 回顾询问法；d. 化学分析法。依调查目的和

工作条件而选择单一或混合方法。如我国家庭膳食调查常采用 a 与 b 混合法。国外所谓总膳食研究，实质是 a 与 d 的混合法。

通过以下公式计算慢性膳食摄入：

$$NEDI = \sum F_i \times R_i \times C_i \times P_i \tag{10-1}$$

式中，NEDI［The National Estimated（Chronic）Daily Intake］——国内膳食摄入评估（慢性）；

F_i——食品日消费量，可再分为进口食品和国内生产食品，kg/d；

R_i——来源于监控数据的食品中平均农药残留量，可再分为进口食品和国内生产食品，mg/kg；

C_i——农药在食品可食部分如香蕉、橙子的校正系数；

P_i——食品在加工、贮藏、运输以及烹饪过程中造成的农药含量变化（提高或降低）校正因子。

④数据的使用：在暴露评估中使用的新鲜水果、蔬菜中的农药残留监控数据是很重要的，对所有的施用农药的农作物、各种气候条件和种植条件都做监控试验是不现实的，所谓的外推概念就是评估残留限值并估算出 MRLs。然而从有限的试验中得出的数据，即使是准确无误的专家外推，在没有足够的其他残留数据做参考的情况下，来估算潜在的实际暴露和预测用于估算 MRLs 的总膳食摄入也是不可行的。而且用于分析的样品是从监控样品中随机抽取的，这些样品在检测前是未经洗涤及去皮处理，但是在没有其他数据可用的情况下这种数据也可以使用。有必要说明的是，其评估结果势必会造成过高的估计通过食品而摄入的农药残留量，导致过度暴露。在这种情况下，就要采用一个衰减因子来校正，以对暴露量做出正确的评估。

⑤所用样品的同质性：所用暴露样品的另一个重要因素就是用于测量化学物质的样品应该具有同质性。总的来说，被分析的样品数量应该随着期望水平的增加而增加。而且在一般情况下，农作物中的营养成分、毒性物质和其他如植物化学物质等成分，在一定地区的成熟收获季节都很难把握一个植物内各种成分变化的适中程度。由此推断在不同地区、不同成熟程度、不同植物间，区别就更大了。同时，贮藏时间和贮藏条件也会影响测量结果。所以无论在任何条件下，必须保证充足的样品数量，以满足统计结果的可靠性。

在暴露评估中选取入口前的食品作为样品，比选取刚收获的农作物作为样品更有实际意义。但是在很多情况下，可获得的农药残留的数据都来自农作物或常见的食品中。因此通常没有考虑食品在加工过程中农药残留的变化，如去皮、漂洗等使得残留降低，以及摄入脂肪引起的残留富集过程。

⑥对特殊人群的考虑：不同职业人群接触农药的机会不同，但几乎所有人都能接

触农药，只不过有的职业人群，如生产农药的车间工人、配制农药的工人、包装农药的工人和运输农药的工人，接触农药的浓度高，占总人口比例却不高。有的职业人群，如喷洒农药的农民、林业工人、园林工人和其他农药用户，接触农药较前者为低，人数较前者多。社会公众通过食物、饮用水和农药事故性暴露潜在性接触农药，农药浓度是低水平的，但接触人数最多，谁也不能避免，形成了暴露风险金字塔。

在金字塔的塔尖处，人数虽少，但暴露风险较高。这些人面对的是急性中毒，常常有生命危险，但因人数较少，人们往往看不到或低估事故的风险性。通过加强管理（包括立法）、教育和劳保措施的改进，可以逐步降低风险。研究人员指出，处于月经期、怀孕期和哺乳期的妇女接触农药，易发生月经病，中毒性流产或胎儿畸形，婴儿吸乳后中毒；儿童的各个器官组织都尚未发育成熟，神经系统和免疫功能很不完善，其机体的解毒排毒功能差，最易受农药侵害，而且儿童处于生长发育期，生长迅速的细胞更易受致癌农药的影响，容易造成中毒。

（2）暴露路径

暴露途径可从"农场到餐桌"的全过程各个方面进行考虑。如农药生产过程中的暴露、农药使用过程中对农药施用者造成的暴露；农药通过动物富集后到人体的暴露；人类直接食用施药后农作物造成的暴露；人类通过土壤、空气、水等途径造成的暴露。

（3）农药残留量的估计

要估计农药残留量，必须从最初的农药使用、监控、稀释、分解，对各种暴露途径及暴露量进行全过程分析。

最后一次施药至作物收获时允许的间隔天数，即收获前禁止使用农药的日期大于施药安全间隔期，收获农产品的农药残留量不会超过规定的最大残留限量，可以保证食用者的安全。通常按照实际使用方法施药后，隔不同天数采样测定，绘制农药在作物上残留的动态曲线，以作物上残留量降至最大残留限量的天数作为安全间隔期的参考。安全间隔期因农药性质、作物种类和环境条件而异。

科学、规范化的采样是获得有代表性样本的关键，样本代表性将直接影响检测结果的规律性。采样方法和采样量是影响试验结果误差的重要因素之一，样本缩分、样本包装和储运也会对试验结果造成影响。

①如何评判农药残留：农药残留的最高残留限量标准（MRLs）是通过对农药的毒性进行评估，得到最大无毒作用剂量（NOEL），再除以100得到的安全系数，进而得到每日容许摄入量（ADI），最后再按各类食品消费量的多少分配。在制定标准时，还要适当考虑在安全良好的农业生产规范下实际的残留状况。我国的农药残留限量标准也是按照上述原则制定的。使用任何农药均有可能造成残留，但有残留并不等于一定对健康构成危害。国际食品法典和一些发达国家也允许在蔬菜、水果中有甲胺磷等

剧毒农药残留，并通过制定最高残留限量标准来预防其危害。

②监控和监督食品中的农药残留：农作物收获时的农药残留主要受两个因素的影响：a. 最初在农作物上的残留情况以及在农作物生长期间的传播和覆盖率情况；b. 通过作物生长的稀释作用、物理、化学和生物过程的作用，使施用后的农药残留量减少或消失情况。

农药使用量要严格遵照残留限量上限和收获作物上的理论最大残留量，这些数据可以从相关的每亩农作物平均收获量上预计出来。但是由于种种干扰，这一数字只是一种推测，并不代表真实的数值。

分离和测定所有的影响农药残留的重要因素是很困难的。以下是影响分离的一些因素：a. 农药施用量；b. 农作物的表面积和总量之比；c. 农作物表面的天然特性；d. 农药施用设备；e. 当地的主要气候条件。

③农药残留超过最大残留限量（MRLs）时的监控研究：许多国家对农作物和食品农药残留多年来的监控结果表明，在成百万的随机农业商品中有80%以上不含有所要测定的农药残留。也就是说，即使农药残留存在，也低于检测方法所能测到的底线。15% ~ 18%的食品含有能够检测出的农药残留，但低于法定MRLs值，低于3%。通常是对大多数食品而言，小于1%的食品含有超过限定标准的农药残留，这种限量当然只是农业标准而非健康标准。

在现实生活中，只消费一种来自高农药残留范围的食品，是不会对消费者产生很大风险的，况且一个消费者大量消费一种高残留食品在统计学上几乎是不可能的。这在理论上被称作急性参考剂量，即使超过了这个剂量还存在一个安全缓冲区，所以这种摄入量也不可能超过最大无毒作用剂量或产生风险。

④食品中的多种农药残留问题：农作物上经常要施用不止一种农药才能达到满意保护程度，对食品也就需要检测不止一种农药的残留情况，这就可能增加许多预想不到的交叉作用。不仅农药，所有的对人类存在暴露的化学物质（包括食品）之间都存在交叉作用。这就导致一个无限的可能性，而且没有具体的理论来解释农药之间，即使在很低的含量水平下仍有很大的交叉作用。

（4）危害物质毒性作用的影响因素

危害物质的毒性作用强弱受多种因素的影响，主要包括危害物质作用对象自身的因素、环境因素和危害物质之间相互作用等因素。

①危害物质作用对象自身因素的影响。毒性效应的出现是外源化学物质与机体相互作用的结果，因此危害物质作用对象自身的许多因素都可影响化学物质的毒性。

a. 种属与品系。种属的代谢差异：不同种属、不同品系对毒性的易感性可以有质与量的差异。如苯可以引起兔的白细胞减少，对狗则引起白细胞升高；β - 萘胺能引起狗和人膀胱癌，但对大鼠、兔和豚鼠则不能；反应停对人和兔有致畸作用，对其他哺乳动物则基本不能。

生物转运的差异：由于种属间生物转运能力存在某些方面的差异，因此也可能成为种属易感性差异的原因。不同动物皮肤对有机磷的最大吸收速度 $[\mu g/(cm^2 \cdot min)]$ 依次是兔与大鼠 9.3、豚鼠 6.0、猫与山羊 4.4、猴 4.2、狗 2.7、猪 0.3。铅从血浆排至胆汁的速度：兔为大鼠的 1/2，而狗只有大鼠的 1/50。

生物结合能力和容量差异：血浆蛋白的结合能力、尿量和尿液的 pH 也有种属差异，这些因素也可能成为种属易感性差异的原因。

其他：除此之外，解剖结构与形态、生理功能、食性等也可造成种属的易感性差异。

b. 遗传因素。遗传因素是指机体构成、功能和寿命等由遗传决定或影响的因素。遗传因素决定了参与机体构成和具有一定功能的核酸、蛋白质、酶、生化产物以及它们所调节的核酸转录、翻译、代谢、过敏、组织相容性等差异，在很大程度上影响了外源和内源性危害物质的活化、转化与降解、排泄的过程，以及体内危害产物的掩蔽、拮抗和损伤修复，因此在维持机体健康或引起病理生理变化上起重要作用。

c. 年龄与性别。年龄因素大体上可区分为三个阶段，从出生到性成熟之前、成年期和老年期。由于动物在性成熟前，尤其是婴幼期机体各系统与酶系均未发育完全，胃酸低，肠内微生物群也未固定，因此对外源化学物质的吸收、代谢转化、排出及毒性反应均有别于成年期。

成年动物生理特征的差别最明显的是性别因素。雌雄动物性激素的不同、激素水平的差别，将使机体生理活动出现差异。对于有机磷化合物，雌性一般比雄性动物敏感，如硫磷在雌性大鼠体内代谢转化速度比雄性快，或许这与毒性大于对硫磷的对硫磷氧化中间产物增加速度有关。但氯仿对小鼠的毒性却是雄性比雌性敏感。毒理学评价时一般应使用数目相等的两种性别动物，若化学物质性别毒性差异明显，则应分别用不同性别动物再进行试验。

d. 营养状况。合理平衡的营养对维护机体健康具有重要意义。对于机体正常进行外源化学物质的生物转化，合理平衡的营养亦十分重要。合理营养可以促进机体通过非特异性途径对内源性和外源性有害物质毒性作用的抵抗力，特别是对经过生物转化毒性降低的有害物质尤为显著。当食物中缺乏必需的脂肪酸、磷脂、蛋白质及一些维生素（如维生素 A、维生素 E、维生素 C、维生素 B_2）及必需的微量元素（如 Zn^{2+}、Fe^{2+}、Mg^{2+}、Se^{2+}、Ca^{2+} 等）时，都可使机体对外源化学物质的代谢转化发生变动。低蛋白质食物使黄曲霉毒素的致癌活性降低，可能是因为黄曲霉毒素的代谢成环氧化中间产物（2，3-Epoxyaflation，B_1）减少之故。当用高脂、高蛋白饲料喂饲动物，营养也将失调，化学物质的毒性效应也会改变。如断乳 28d 大鼠，当饲料中酪蛋白由 26%

增至 81% 时，经口给予滴滴涕（DDT）时毒性增加了 2.7 倍。食物中缺乏亚油酸或胆碱可增加黄曲霉毒素 B_1 的致癌作用。

e. 机体昼夜节律变化。机体在白天活动中体内肾上腺应激功能较强，而夜间睡眠时，特别是午夜后，肾上腺素分泌处在较低水平，也会影响危害物质的吸收和代谢。

②环境影响因素。

a. 化学物质的接触途径：由于接触途径不同，机体对危害物质的吸收速度、吸收量和代谢过程亦不相同。实验动物接触外源化学物质的途径不同，化学物质吸收入血液的速度和吸收的量或生物利用率不同，这与机体的血液循环有关。

b. 给药容积和浓度：在进行毒性试验时，通常经口给药容积不超过体重的 2%～3%。容积过大，可对毒性产生影响，此时溶剂的毒性也应受到注意。在慢性试验时，常将受试物混入饲料中，如受试物毒性较低，则饲料中受试物所占百分比增高，会妨碍食欲影响营养的吸收，导致动物生长迟缓等，有时会将其误认为危害物所致。相同剂量的危害物，由于稀释度不同也可造成毒性的差异。一般认为浓溶液较稀溶液吸收快，毒副作用更强。

c. 溶剂：固体与气体化学物质需事先将之溶解，液体化学物质往往需稀释，就需要选择溶剂及助溶剂。有的化学物质在溶剂环境中由于化学、物理性质与生物活性可发生改变，溶剂选择不当，有可能加速或延缓危害物质的吸收、排泄而影响其毒性。

d. 气温：危害物及其代谢物在受体上的浓度受吸收、转化、排泄等代谢过程的影响，这些过程又与环境温度有关。

e. 湿度：高湿环境下，某些危害物如 HCl、HF、NO 和 H_2S 的刺激作用增大，高湿条件可改变某些危害物质的形态，如 SO_2 与水反应可生成 SO_3 和 H_2SO_4，从而使毒性增加。

③危害物质联合作用。

a. 联合毒性的定义和种类：联合毒性作用指两种或两种以上危害物质同时或前后相继作用于机体而产生的交互毒性作用。人们在生活和工作环境中经常同时或相继接触数种危害物质，数种危害物质在机体内产生的毒性作用与一种危害物质所产生的毒性作用并不相同。多种化学物质对机体产生的联合作用可分为以下几种类型：

相加作用：相加作用指多种化学物质的联合作用等于每一种化学物质单独作用的总和。化学结构比较接近、同系物、毒作用靶器官相同、作用机理类似的化学物质同时存在时，易发生相加作用。大部分刺激性气体的刺激作用多为相加作用。

协同作用与增强作用：协同作用指几种化学物质的联合作用大于各种化学物质的单独作用之和。化学物质发生协同作用和增强作用的机理很复杂，有的是各化学物质在机体内交互作用产生新的物质，使毒性增强。

拮抗作用：拮抗作用指几种化学物质的联合作用小于每种化学物质单独作用的总和。凡是能使另一种化学物质的生物学作用减弱的物质称都为拮抗物（Antagonist）。在毒理学或药理学中，拮抗作用常指一种物质抑制另一种物质的毒性或生物学效应的作用，这种作用也称为抑制作用。

独立作用：独立作用指多种化学物质各自对机体产生不同的效应，其作用的方式、途径和部位也不相同，彼此之间互无影响。

b.联合作用的机制：由于目前的认识水平和研究方法的限制，对联合作用机制的了解尚不够充分，联合作用的一个重要机制是一种化学物质可改变另一种化学物质的生物转化，这往往是通过酶活性的改变产生的。常见的微粒体和非微粒体酶系的诱导剂有苯巴比妥、3-甲基胆蒽、滴滴涕（DDT）和 B（α）P，这些诱导剂通过对化学物质的解毒作用或活化作用，减弱或增加其他化学物质的毒性作用。

受体作用：两种化学物质与机体的同一受体结合，其中一种化学物质可将与另一种化学物质生物学效应有关的受体加以阻断，以致不能呈现后者单独与机体接触时的生物学效应。

化学物质间的化学反应：物质可在体内与危害物质发生化学反应。例如硫代硫酸钠可与氰根发生化学反应，使氰根转变为无毒的硫氰根；又如一些金属螯合剂可与金属危害物（如铅、汞）发生螯合作用，成为螯合物而失去毒性作用。

功能叠加或拮抗：两种因素，一种可以激活（或抑制）某种功能酶，而另一种因素可以激活（或封闭）受体或底物。若同时使用，则可出现损害作用增强或减弱，如有机磷农药和神经性毒剂的联合应用等。

机体吸收、排泄等功能可能受到一些化学物质的作用而使另一危害物的吸收或排泄速度改变，进而影响其毒性。例如，氯仿等难溶于水的脂溶性物质在穿透皮肤后仍难吸收，如果与脂溶性及水溶性均强的乙醇混合就很容易吸收，其肝脏毒性明显增强。

c.危害物质的联合作用的方式：人类在生活和劳动过程中实际上不是单独地接触某个外源化学物质，而是经常地同时接触各种各样的多种外源化学物质，其中包括食品污染（食品中残留的农药、食物加工过程中添加的色素、防腐剂等）、各种药物、烟与酒、水及大气污染物、家庭房间装修物、厨房燃料烟尘、劳动环境中的各种化学物等。这些外源化学物质在机体内可呈现十分复杂的交互作用，最终引起综合毒性作用。

4.风险描述

风险描述是对人体暴露结果的负面影响的可能性估计。风险描述要考虑危害识别、危害描述和暴露评估的结果。对于有阈值的物质，人类的风险就是通过暴露量与 ADI（或其他规范数据）的比较。在这种情况下，当暴露量的比较结果小于 ADI 时，概念上的负面影响的可能性为零。对于无阈值的物质，人类的风险在于暴露量和潜在危害。

风险描述要将风险评估过程中每一步的不确定度都要考虑在内。风险描述的不确定度将反映前几个阶段评价中的不确定性。从动物研究外推到人的结果将产生两种不确定性：①实验动物和人的相关性产生的不确定性，如喂养丁羟基茴香醚（BHA）的大鼠发生前胃肿瘤和甜味素引发的小鼠神经毒性作用可能并不适用于人；②人体对某种化学物质的特异敏感性未必能在实验动物中发现，人对谷氨酸盐的高敏感性就是一个例子。在实际工作中，这些不确定性可以通过专家判断和进行额外的试验（特别是人体试验）加以克服。这些试验可以在产品上市前或上市后进行。

农药残留的风险描述应该遵守以下两个重要原则：农药残留的结果不应高于良好农业操作规范的结果；日摄入食品总的农药残留量（如膳食摄入量）不应超过可以接受的摄入量。无显著风险水平指即使终生暴露在此条件下，该危害物质也不会对人体产生伤害。

（1）定性估计

根据危害识别、危害描述以及暴露评估的结果给予高、中、低的定性估计。

（2）定量估计

①有阈值的农药危害物质：对于农药残留的风险评估，如果是有阈值的化学物质，则对人群风险可以摄入量与 ADI（或其他测量值）比较作为风险描述。如果所评价的物质的摄入量比 ADI 值小，则对人体健康产生不良作用的可能性为零。MOS 为安全限值（Margin of Safety）的缩写，即：

MOS≤1 该危害物质对食品安全影响的风险是可以接受的。

MOS＞1 该危害物质对食品安全影响的风险超过了可以接受的限度，应该采取适当的风险管理措施。

②无阈值的农药危害物质：如果所评价的化学物质没有阈值，对人群的风险评估就是摄入量和危害程度综合的结果，即食品安全风险＝摄入量 × 危害程度。

5. 农药残留分析的方法和程序

农药残留分析方法可分为两类：一类是单残留方法（SRM），它是定量测定样品中一种农药残留的方法，这类方法在农药登记注册的残留试验、制定最大农药残留限量或在其他特定目的的农药管理和研究中经常应用；另一类是多残留方法（MRM），它是在一次分析中能够同时测定样品中一种以上农药残留的方法，根据分析农药残留的种类不同，一般分为两种类型。一种多残留方法仅分析同一类的多种农药残留，如一次分析多种有机磷农药残留，这种多残留方法也称为选择性多残留方法；另一种多残留方法一次分析多类多种农药残留，也称为多类多残留方法。多残留方法经常用于管理和研究机构对未知用药历史的样品进行农药残留的检测分析，以对农产品、食品或环境介质的质量进行监督、评价和判断。

农药残留分析的程序包括样品采集、样品预处理、样品制备及分析测定等步骤。样品采集包括采样、样品的运输和保存，是进行准确的残留分析的前提。

二、食品中兽药的安全性评价

随着经济的发展和人民生活水平的提高，消费者的膳食结构得到不断改善，对肉、蛋、乳等动物性食品的需求量也不断增加。为满足人类对动物性产品不断增长的需要，需要大幅度、快速地提高动物性食品的产量，从而促进畜牧业朝着现代化、集约化、规模化的方向不断发展。在动物饲养过程中，兽药在降低动物发病率与死亡率、提高饲料利用率、促进动物生长和改善动物产品品质等方面起着非常重要的作用。但是，由于管理不当和受经济利益的驱使，兽药的滥用在动物性食品中造成了不同程度的兽药残留，对消费者健康产生危害。世界各国包括我国已经注意到了该问题的严重性，并采取各种有效措施控制兽药残留。

（一）食品中兽药残留的安全评价体系

食品中兽药残留的安全评价体系主要包括动物性食品中兽药最高残留限量和休药期两种指标，其中最高残留限量的制定基础是药物毒性观察。食品兽药残留法典委员会（CCRVDF）主要职责为制定食品中兽药残留最大限量标准，对兽药残留检验方法提出建议。原中华人民共和国农业部第235号公告《动物性食品中兽药最高残留限量》列举了相关产品的残留限量，包括：①动物性食品允许使用，但不需制定残留限量的兽药；②需要制定最高残留限量的兽药；③可用于动物性食品，但不得检出兽药残留的兽药；④农业部明文规定禁止用于所有动物的兽药四类。标准兽药休药期有202种，以及不需制定休药期的兽药，包括丙酸睾酮注射液、注射用绒促激素、碘解磷定注射液等91种以及中药成分制剂、维生素类、微量元素类、兽用消毒剂、生物制品（质量标准有要求的除外）等。其中，动物用药停药期或休药期指畜禽最后一次用药到该畜禽许可屠宰或其产品（乳、蛋）许可上市的间隔时间。因为每个药品在体内代谢的时间长短不同，所以，很多药品的休药期也不一样。

兽药残留的原因主要有以下几种：①为了追求经济利益，不严格执行休药期有关规定，造成休药期过短；②滥用兽药或使用劣质兽药；③用药错误；④使用未经批准的药物进行治疗；⑤为逃避检查，屠宰前用药掩饰动物的临床症状。

1. 毒性安全实验

食品中兽药毒性安全评价主要采用以下三种实验：①急性毒性实验；②重复剂量实验，至少持续1/10生命周期的时间（亚慢性实验）；③慢性实验。

2. 最大残留限值

最大残留限值（MRLs）是指可食用组织中兽药活性残留物的最大残留量。MRLs水平不是健康指标，而是一个实际操作值，以组织中残留量来评估食用安全性。

3. 结合残留物

动物经某种兽药处理后，残留物以母体或代谢物的形式存在于体液和组织器官，这些结合物包括：①合并到机体内原成分中的药物母体碎片，如脂肪酸、氨基酸和核酸；②反应性代谢物与细胞大分子反应生成的共价结合残留物。通常①类物质没有毒性，而②类物质具有潜在毒性。评估这类药物的安全性是很困难的，首先提取这类物质存在很大困难。国际上目前还没有评价结合残留物潜在毒性风险的标准方法。FDA 强调评估结合残留物是否具有致癌性，如果有致癌性就必须做毒理学试验，试验中需要解决的主要问题是评价这些结合残留物生物的可利用性，如果可利用性较高，就需要应用适当的提取和分析方法进行评价。由于这些物质的分析比较复杂，一般采用就事论事的个案处理方式。

4. 注射部位残留

注射部位的残留可能会使动物性食品局部兽药残留浓度过高而造成潜在危害。在实际操作中局部残留过高不代表全部肉体残留过高，因此，其安全性评价是否有意义还存在争议。JECFA 建议在屠宰时将动物的注射部位切除以避免这类问题的发生。但有时候要确认注射部位是很困难的。兽药产品欧洲委员会分会的兽药标准方法是建议取两份样品进行安全评估，其中一份必须取自非注射部位，如膈肌。

5. 停止给药时间

停止给药时间是指动物被屠宰前或蛋和乳被安全消费前的停止给药时间。存在于蛋乳中的兽药一般不会因消耗而降低，所以只要超过最大残留量的产品就应被销毁。评价养殖鱼类的兽药残留是比较特殊的，与陆生动物不同，要考虑水温对药物代谢的影响。

（二）兽药残留的控制

兽药对食品安全性产生的影响，越来越受到人们的关注。尽管 WHO 呼吁减少用于农业的抗生素的种类和数量，但由于兽药产品可给畜牧业和医药工业带来丰厚的经济效益，所以要把兽药管理纳入合理使用的轨道并非易事。兽药残留作为目前及未来影响食品安全性的主要因素，需要采取有效的措施进行控制，主要包括以下几个方面：

1. 加强饲养管理，改变饲养观念

学习和借鉴国内外先进的饲养技术，创造良好的饲养环境，增强动物抗体免疫力；实施综合卫生防疫措施，降低畜禽的发病率，减少兽药的使用；充分利用等效、低毒、低残留的制剂来防病治病，减少兽药残留；不使用禁用兽药，避免兽药滥用。

2. 完善兽药残留监控体系

制订和实施国家兽药残留监控计划，加强兽药、饲料等投入品的质量安全监督管理；加大监控力度，严把检验检疫关，防止兽药残留超标产品进入市场；对超标产品予以销毁，给超标者予以重罚，并查出超标根源，从根拔除；同时引导养殖户合理科学地使用兽药和遵守休药期规定。

3. 加大对动物性食品生产企业的监督管理

食品企业应严格按照 GMP、HACCP 等管理体系，建立良好动物性食品供应基地，把好质量关。有关部门应不定期地进行抽检，对不合格兽药超标产品实行没收处理，对严重超标企业进行停产整顿。

目前饲料在生产过程中添加药物是极为普遍的，而目前只能检测到饲料中的少数几种兽药，所以应抓紧研究有效的兽药检测方法，真正实现从源头控制药物残留。

第三节　食品安全性评价实验

试验一：食品添加剂的食品安全性毒理学评价实验

（一）试验目的与原理

苯甲酸钠作为食品添加剂经口摄入后经人体代谢产生一定的毒性。LD50（Midium Lethal Dose）是一次或 24h 内多次给予受试样品后，引起实验动物总体中半数死亡的毒物的统计学剂量，以单位体重接受受试样品的质量（mg/kg 或 g/kg）来表示。由此了解食品添加剂的毒性强度，初步估算该化合物对人类毒害的危险性。为进一步开展的蓄积性试验、亚慢性与慢性毒性作用试验及其他特殊毒性试验的实验设计的剂量选择和毒性判断指标提供相应的理论依据。

食品添加剂进入机体后，经过生物转化以代谢产物或化合物原型排出体外。但是，当食品添加剂反复多次给动物摄入，食品添加剂进入机体的速度（或总量）超过代谢转化的速度和排泄的速度（或总量）时，食品添加剂或其代谢产物就有可能在机体内逐渐增加并存留，这种现象称为食品添加剂的蓄积作用。蓄积系数法是一种以生物效应为指标，用蓄积系数（K 值）评价蓄积作用的方法。蓄积系数法的原理是在一定期限内以低于致死剂量（小于 LD50），每日给予实验动物，直至出现预计的毒性作用（或死亡）为止。计算达到预计效应的总累积剂量，求出此累积剂量与一次接触该化合物产生相同效应的剂量的比值，此比值即为蓄积系数（K 值）。

（二）试验材料

1. 实验动物

（1）实验动物种系

选取体重为 18 ~ 22g 的健康昆明小鼠。

（2）实验动物数量与性别

每个试验组与对照组至少要用动物 10 只，雌、雄各半。

（3）饲养条件

首先将每组动物按性别分笼，每笼保持动物的数量适中，不宜过多。其次每天给动物提供充足的饲料和饮水，并根据动物饲养规程控制湿度、温度和光照期。

2. 受试食品添加剂

苯甲酸钠。

（三）方法与步骤

1. 预试验

以 2700mg/kg 为毒性中值设定 5 个剂量组，组距间使用剂量为 log40.6 倍差，即 972mg/kg、1620mg/kg、2700mg/kg、4500mg/kg、7500mg/kg，禁食给水 12h 后，对各组实验动物采用经口灌胃法摄入苯甲酸钠，灌胃后继续禁食 3h，常规观察饲养 7d，记录动物死亡数和中毒症状，测得最大耐受浓度（LD0）和绝对致死浓度（LD100）。

2. 急性毒性试验

（1）另外选取 5 个剂量组（每组 10 只小鼠，雌雄各半），确定组间剂量比为 3.16，即 60mg/kg、190mg/kg、599mg/kg、1893mg/kg 和 5983mg/kg，将苯甲酸钠按选择的剂量浓度一次经口给小鼠灌服。

（2）连续观察 14d，记录中毒症状，死亡时间与死亡数量。

（3）计算出 LD50，并根据经口急性毒性分级标准（表 10-1），判断苯甲酸钠的毒性等级。

表10-1 化合物经口急性毒性分级标准

毒性分级	一次经口LD_{50}/（mg/kg）	大体相当于体重70kg人的致死量
1级无毒	＞15 000	＞1050g
2级实际无毒	5001~15 000	350~1050g
3级低毒	501~5000	35~350g
4级中等毒	51~500	一茶勺至35g
5级剧毒	1~50	7滴至一茶勺
6级极毒	＜1	稍尝，＜7滴

3.蓄积评价试验

（1）选取 40 只健康小鼠分成两组（雌雄各半），一组为对照组，一组为灌胃组进行试验。

（2）灌胃组按照小鼠体重定时灌服苯甲酸钠溶液，按一定比例逐渐增加苯甲酸钠投喂量（表 10-2）。

表10-2 苯甲酸钠投喂量

灌食天数 / d	1~4	5~8	9~12	13~16	17~20	21~24	25~28
日灌食剂量/（mg/kg）	0.1	0.15	0.22	0.34	0.5	0.75	1.12
4d累积剂量/（mg/kg）	0.4	0.6	0.9	1.36	2.00	3.00	4.68
累积总剂量/（mg/kg）	0.4	1.0	1.9	3.26	5.26	8.26	12.74

（3）当动物累计死亡 1/2 时结束试验；当动物无死亡或死亡数不足 1/2 时，在第 21d 可结束试验。

（四）试验结果分析

1.LD50 的计算（采用改良寇氏方法）

根据每组动物数、组距和每组动物死亡数，推算出 LD_{50} 及其 95% 可信限。如式（10-2）~式（10-5）所示。

公差：

$$d = (\lg m - \lg k)/(i - 1) \tag{10-2}$$

式中，m——最大剂量；

k——最小剂量；

i——组数。

$$\lg LD_{50} = \lg m - (d/2)\sum (p_i + p_{i+1}) \tag{10-3}$$

式中，pi——死亡率；

pi+1——相邻组死亡率。

标准差：

$$S_{\lg LD_{50}} = d\sqrt{\frac{\sum p_i(1 - p_i)}{n}} \tag{10-4}$$

式中，n——每组动物数。

$$95\%可信区间 = \lg LD_{50} \pm 1.96 S_{\lg LD_{50}} \tag{10-5}$$

2. 蓄积系数 K 的计数

蓄积系数 K 的计数如式（10-6）所示。

$$K = LD_{50}(n) - LD_{50}(1) \tag{10-6}$$

式中，LD50（n）——多次染毒使动物出现半数死亡的累积剂量；

　　　　LD$_{50}$（1）——一次染毒使动物半数死亡的剂量。

试验期间，根据灌胃组和对照组的生理状况或者实验数据，最后通过计算蓄积系数 K 以反映此试剂的化学毒性。

试验二：保健食品的安全性评价

为防止保健食品中的外源化学物质对人体可能带来的有害影响，对各种已投入或即将投入生产和使用的保健食品进行评价实验研究，据此对其做出安全性评价并提供食用安全性评价的科学依据，成为一项极为重要的任务。

（一）试验目的

评价 × 减肥食品的安全性（目前尚未取得卫生部保健食品批号），为其应用提供毒理学安全依据。

（二）原理

根据对遗传物质作用终点的不同，并兼顾体内和体外试验以及体细胞和生殖细胞的配套原则，采用 Ames 试验、小鼠骨髓嗜多染红细胞微核试验及小鼠精子畸形试验对该功能食品进行了遗传毒理学分析。Ames 试验是对 DNA 碱基序列是否改变进行评估。其标准菌株 TA97、TA98 可检测移码突变，TA100、TA102 可检测碱基置换和移码突变。小鼠骨髓嗜多染红细胞微核试验主要是对染色体结构完整性改变进行评估，而小鼠精子畸形试验所反映的遗传学终点主要是对生殖细胞的遗传毒性进行评估。精子畸形率增高本身有生殖毒理学意义。同时结合经口急性毒性试验、大鼠 30d 喂养试验和大鼠传统致畸试验对待检保健食品进行食品安全性毒理学评价。

（三）试验材料

1. 样品

某减肥食品样品成品为胶囊，内容物呈绿色粉末，主要成分为绿茶肉碱、茶多酚、叶绿素、氨基酸、维生素等。推荐人体成品最大用量为每人每日 42mg/kg（10 粒，0.25g/ 粒）。

2. 实验动物

昆明小鼠和 SD 大鼠。动物饲养实验室温度 24℃ ± 1℃，相对湿度 65%。

（1）大鼠经口急性毒性试验

选用体重 180 ~ 220g 的 SD 大鼠 20 只，雌、雄各半。

（2）骨髓嗜多染红细胞微核试验

选用体重 30 ~ 40g 的小鼠 50 只，随机分为 5 组，每组 10 只动物，雌、雄各半。

（3）精子畸形试验

选用体重 30 ~ 40g 的雄性小鼠 40 只，随机分为 5 组，每组 8 只动物，以保证在试验结束时能有 5 只动物存活。

（4）大鼠 30d 喂养试验

用体重 60 ~ 80g 的健康 SD 幼年大鼠 80 只，按体重组分为 4 组，每组 20 只动物，雌、雄各半。

（5）选用体重

180 ~ 220g SD 性成熟健康大鼠，为获得足够胎仔来评价其致畸作用，每个剂量水平的怀孕大鼠数量不少于 16 只。

3. 菌种

Ames 试验标准菌株 TA97、TA98、TA100、TA102。试验前按 GB 15193.4—2015 的方法对各菌株性状进行鉴定。

（四）方法与步骤

1. 剂量组设计

该样品的 × 减肥食品提供单位推荐人体成品最大用量为每人每日 42mg/kg（10 粒，0.25g/ 粒）。根据人体千克体重用量扩大 100 倍作为动物实验最高剂量组，样品用蒸馏水配制成各试验组所需剂量备用。将 Ames 试验所需样品按浓度制成匀浆，灭菌备用。

2. 安全性毒理学评价项目

（1）大鼠经口急性毒性试验

根据 GB 15193.3-2014 进行大鼠经口急性毒性试验。每天观察记录各组动物中毒和死亡情况，根据 LD_{50} 值，判定经口急性毒性分级。

（2）遗传毒性试验

根据 GB 15193.1-2014，在试验剂量 1050 ~ 4200mg/kg 范围内，确定小鼠骨髓嗜多染红细胞微核发生率、精子畸形率与阴性对照组有无显著差异；根据 GB 15193.4-2014 进行 Ames 试验，确定各剂量组平均回变菌落数。

（3）大鼠 30d 喂养试验

①一般情况观察：每天观察动物的外观、行为、毒性表现和死亡情况。每周称体重、进食量，计算每周食物利用率、总食物利用率、总进食量及总增重。

②血液学检查：测定血红蛋白含量、红细胞及白细胞计数，白细胞分类（淋巴、单核、中性粒、嗜酸、嗜碱细胞），观测是否有明显差异。

③血液生化指标测定：试验第 30d，于股动脉取血，分离血清，检测丙氨酸转氨酶

（ALT）、天冬氨酸转氨酶（A$_S$T）、尿素氮（BUN）、胆固醇（CHO）、三酰甘油（TG）、血糖（GLU）、总蛋白（TP）、白蛋白（ALB）、肌酐（CRE）指标，观测是否有明显差异。

④大体观察及病理组织检查：试验末期颈椎脱臼处死动物，观察各主要脏器及胸、腹腔大体病理改变。取出全部动物的肝脏、肾脏、脾脏、睾丸，称重并计算脏器系数。以 10% 甲醛溶液固定肝脏、肾脏、脾脏、睾丸（或卵巢）、胃及十二指肠，石蜡包埋、切片、苏木素 - 伊红（HE）染色，在光学显微镜下进行组织学检查，观察是否异常。

（4）大鼠传统致畸试验

根据 GB 15193.14-2015 进行大鼠传统致畸试验，观察各剂量组孕鼠是否有中毒表现；各剂量组与对照组相比较，孕鼠体重、胎鼠体重、胎鼠骨骼与胎鼠内脏发育是否有显著性差异。

3. 统计学处理方法

对骨髓嗜多染红细胞微核试验和小鼠精子畸形试验数据进行卡方检验；大鼠 30d 喂养试验和大鼠传统致畸试验数据进行方差分析。

（五）结果分析

该减肥食品的大鼠经口急性毒性试验、遗传毒性试验、大鼠 30d 喂养试验、大鼠传统致畸试验结果是否为阴性，是否可以作为毒理学安全的保健食品。

试验三：农药残留检测

（一）试验目的

检测大豆、花生及其粮油类高油脂植物源性食品中是否存在多种农药残留。

（二）试验材料

1. 主要仪器设备

气相色谱 - 质谱联用仪（GC/MS）、液相色谱 - 串联质谱仪（LC-MS/MS）、Envi-18 柱、Envi-Card 活性炭柱、Sep-Pak Alumina N 柱、Sep-Pak NH$_2$ 柱、加速溶剂萃取仪、氮吹仪、移液器（1mL）。

2. 材料与试剂

试验所用大豆为进口转基因大豆食品安全监控样品，花生为本土出境食品安全监控样品；大豆油和花生油均为进口食品安全监控样品。乙腈、丙酮、正己烷、氯化钠、56 种农药标准品为原中华人民共和国农业部有证标准物质（质量浓度均为 100mg/L）。

3. 色谱条件

气相色谱 - 质谱联用法。

①色谱法：HP-5MS（30m×0.25mm×0.25μm）弹性石英毛细管柱。

②柱温程序：

初始温度 70℃，保持 2min，从 30℃/min 升至 200℃，再从 8℃/min 升至 280℃（2min）；

进样口温度：280℃，进样量 1.0μL；

离子源：EI 源；

离子源温度：230℃；

辅助加热温度：280℃；

溶剂延迟：5min。

③条件建立：将 56 种农药标准溶液配置为 5μg/min 的溶剂标准溶液进行全扫描，确定每种农药的保留时间，并从每种农药的一级质谱图中选择丰度高、m/z 大的母离子碎片，在不同碰撞能量下对母离子进行碰撞解离，选择灵敏度高的两对离子为子离子，其中一对离子对作为定量离子对，另一对作为定性离子对。

（三）方法与步骤

1. 提取

植物油样品：称取 6.00g（精确到 0.01g）样品置于 50mL 离心管中，加入 20.0mL 提取溶剂，振荡 30min，放置于 -18℃冷藏 1.5h，取出后 5000r/min 离心 5min。取 10.0mL 上层溶液至离心管中，45℃水浴氮气吹至近干，准确加入 2.0mL 丙酮+正己烷（50+50，体积比），溶解残渣后，待净化。

大豆、花生样品：称取 6.00g（精确到 0.01g）已制备样品置于 50mL 离心管中，加入 15mL 蒸馏水，充分浸泡 30min，加入 20.0mL 提取溶剂，振荡 30min，加入 3g NaCl 涡旋后，放置于 -18℃冷藏 1.5h，取出后 5000r/min 离心 5min。取 10.0mL 上层溶液至离心管中，45℃水浴氮气吹至近干，准确加入 2.0mL 丙酮+正己烷（50+50，体积比）溶解残渣后，待净化。

2. 净化

QuEChERS 方法净化：将 10.0mL 上层提取溶液转移至盛有 0.5g PSA 和 0.5g C18 粉末的 50mL 离心管中，涡旋 1min 后 5000r/min 离心 5min，取 6mL 上清液于 45℃水浴氮气吹至近干，准确加入 1.0mL 丙酮+正己烷（30+70，体积比）定容后，过 0.22μm 滤膜上机测定。

普通单固相萃取柱净化：5.0mL 丙酮+正己烷（50+50，体积比）活化单 C18/PSA 固相萃取柱，当溶剂液面到达柱吸附层表面时，立即转入上述待净化溶液，用 10mL 氮吹管接收洗脱液，用 2.0mL 丙酮+正己烷（1+1，体积比）洗涤样液试管并转移至固相萃取柱中，重复操作一次。最后用 2.0mL 丙酮+正己烷（1+1，体积比）

洗脱固相萃取柱，收集上述所有流出液置于氮吹管中，于 45℃水浴氮气吹至近干，准确加入 1.0mL 丙酮＋正己烷（30+70，体积比）定容后，过 0.22μm 滤膜上机测定。

串固相萃取柱净化：5.0mL 丙酮＋正己烷（50+50，体积比）活化串接 C18/PSA 固相萃取柱，其他步骤同普通单固相萃取柱净化方法。

3. 检测

根据添加空白样品的 3 倍信噪比确定方法的检出限（LOD，S/N=3），10 倍信噪比（LOQ，S/N=10）确定方法的定量限。用丙酮＋正己烷（3+7，体积比），配制 0.02、0.05、0.10、0.20、0.50、1.00mg/L 的 56 种系列农药化合物标准溶液和基质匹配标准溶液分别做标准工作曲线，对大豆油添加样品进行校正计算。

（四）试验结果

检测结果包括大豆、花生、大豆油、花生油中 56 种农药化合物在不同基质中的检出限，以及其中是否含有农药残留成分。

食品中一些危害成分的检测要以毒理学评价为基础，得出一些科学数据，从而为国家颁布相关标准提供依据，使食品中农药和兽药残留的安全性评价体系逐步得到完善。掌握食品安全性评价试验的基础步骤和实验技能能为新物质评估以及农药残留检测提供有力支撑。

参考文献

[1] 方玉媚，左之才，胡叶，等 . 食品安全 [M]. 成都：四川教育出版社，2014.

[2] 郭元新 . 食品安全与质量管理 [M]. 北京：中国纺织出版社，1970.

[3] 李进，李海涛，韦昔奇 . 烹饪营养与食品安全 [M]. 重庆：重庆大学出版社，2022.

[4] 刘少伟 . 食品安全保障实务研究 [M]. 上海：华东理工大学出版社，2019.

[5] 阮赞林，等 . 食品安全判例研究 [M]. 上海：华东理工大学出版社，2019.

[6] 苏来金 . 食品安全与质量控制 [M]. 北京：中国轻工业出版社，2020.

[7] 仝其宪 . 危害食品安全犯罪体系完善研究 [M]. 北京：中国政法大学出版社，2020.

[8] 汪普庆，龙子午 . 新形势下食品安全治理体系 [M]. 武汉：武汉大学出版社，2021.

[9] 王际辉，叶淑红 . 食品安全学：第 2 版 [M]. 北京：中国轻工业出版社，2020.

[10] 魏强华 . 食品生物化学与应用：第 2 版 [M]. 重庆：重庆大学出版社，2021.

[11] 杨玉红 . 食品化学：第 2 版 [M]. 北京：中国轻工业出版社，2017.

[12] 姚玉静，翟培 . 食品安全快速检测 [M]. 北京：中国轻工业出版社，2019.

[13] 朱军莉 . 食品安全微生物检验技术 [M]. 杭州：浙江工商大学出版社，2020.